TOP甜点师 派&塔 私藏作

【日】旭屋出版书籍编辑部 ◎ 主编
林美琪 ◎ 译

TARTES

光明日报出版社

TOP甜点师
派&塔私藏作
Contents

032

一角法式甜品
PATISSERIE FRANÇAISE
Un Petit Paquet
◎香蕉椰丝塔

006

小炉面包
Maison de Petit Four
◎无花果塔

036

高山甜品
pâtisserie mont plus
◎白巧克力佐黑醋栗塔

012

甜点茶坊
Pâtisserie Salon de Thé
Goseki
◎大黄塔

040

小焙蛋糕
Pâtisserie La cuisson
◎马斯卡彭奶酪浓缩咖啡塔

018

微笑甜点
Pâtisserie SOURIRE
◎油桃薄片塔

044

当蛋糕遇见咖啡
Relation
entre les gâteaux et le café
◎艾克斯克莱儿

024

阿卢卡伊库法式甜品
Pâtisserie Française
Archaïque
◎果仁糖塔

048

小岛甜品
PÂTISSIER SHIMA
◎马达加斯加香草塔

玫瑰之恋
Passion de Rose
◎ 栗子黑醋栗塔
······ 052

白色石头
Chocolatier
La Pierre Blanche
◎ 塔拉干塔
······ 056

乐心甜品
Agréable
◎ 巧克力玛萨拉酒塔
······ 060

美味
Delicius
◎ 苹果塔
······ 064

大步甜点
Pâtisserie et les Biscuits
UN GRAND PAS
◎ 雪堤塔
······ 068

阿尔卡雄蛋糕
ARCACHON
◎ 阿尔卡雄夫人
······ 072

捧先生蛋糕店
Pâtisserie Française Yu Sasage
◎ 香水
······ 076

鸟之音甜品
Pâtisserie chocolaterie
Chant d'Oiseau
◎ 马提尼克香草塔
······ 080

光辉甜品
Pâtisserie La splendeur
◎ 番茄白奶酪塔
······ 084

香杏甜品
Pâtisserie L'abricotier
◎ 菠萝吉布斯特
······ 088

觅之甜品
Pâtisserie Rechercher 092
◎澄黄塔

越时甜品
PATISSERIE LES TEMPS PLUS 112
◎随心所欲塔

哲人甜品
pâtisserie AKITO 096
◎柠檬莱姆塔

疯狂时代
Pâtisserie Les années folles 116
◎百香果吉布斯特

真嗣蛋糕
L'ATELIER DE MASSA 100
◎Chamaeleon～变色龙～

米拉唯乐蛋糕
Pâtisserie Miraveille 120
◎收获

猫头鹰甜品
Pâtisserie Shouette 104
◎西西里

阿维尼翁
Pâtisserie Avignon 124
◎红桃塔

礼待甜品
pâtisserie accueil 108
◎危地马拉

天平蛋糕
équibalance 128
◎红酒风味的无花果塔

乔治马尔索蛋糕
PÂTISSERIE
GEORGES MARCEAU ········ 132
◎无花果塔

忘忧洋果子店
ロトス洋菓子店 ········ 144
◎洋梨佐栗子塔

大地甜品
PATISSERIE a terre ········ 136
◎红酒无花果塔

分享甜品
Pâtisserie PARTAGE ········ 148
◎榛果栗子塔

第二甜品
Tous Les Deux ········ 140
◎柑橘太阳

小舟甜品
PATISSERIE Un Bateau ········ 152
◎苹果佐红薯塔

塔的千变万化 ········ 156

各家甜点坊简介&派塔的介绍页码 ········ 177

阅读本书之前

- 本书详实解说了35家名店派塔的使用材料与做法，并交代了调味上的想法。
- 本书所载之价格、供应期间、材料与做法、设计等，皆为2014年采访时所得资讯，不无已经更改的可能。
- 材料与做法谨遵各店所提供的方法记载。
- 分量中的"适量"，要依制作时的实际状况及个人喜好调整。
- 材料中鲜奶油及牛奶的"%"表示乳脂肪成分；巧克力的"%"表示可可成分。
- 无盐黄油的标准标示为"不使用食盐的黄油"，但本书皆以通称"无盐黄油"标示。
- 加热、冷却、搅拌时间等，谨依各店所使用的机器为准。

小炉面包
Maison de Petit Four

店东兼主厨　　**西野　之朗**

塔的千变万化

水果塔
＊甜面团
→P.156

蜜鲁立顿塔
＊甜面团
→P.167

维奇（vache）
＊咸面团
→P.173

谈话塔
＊千层酥皮面团
→P.174

新桥塔
＊千层酥皮面团
→P.174

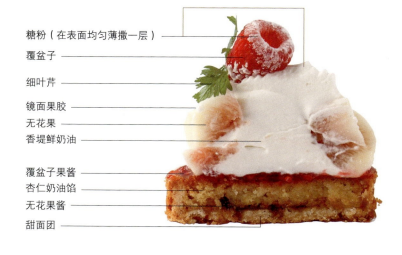

糖粉（在表面均匀薄撒一层）
覆盆子
细叶芹
镜面果胶
无花果
香堤鲜奶油
覆盆子果酱
杏仁奶油馅
无花果酱
甜面团

大量使用仅在夏末至初秋时节才有的新鲜无花果。在甜面团底部放入浓缩了无花果美味的无花果酱，待塔皮烤好后再在上面喷洒樱桃白兰地，涂上覆盆子果酱。并在新鲜无花果上面喷洒樱桃白兰地，让白兰地与无花果酱、覆盆子果酱联手为淡淡的无花果增添亮点。

塔皮

甜面团。使用100%法国产的面粉，口感香酥松脆。塔底放上无花果酱，再挤上满满的杏仁奶油馅后烘烤。

模具尺寸：直径7cm、高1.5cm

用樱桃白兰地与覆盆子的香气来提升无花果的风味

无花果塔

508日元（约人民币29元）（含税）
供应期间 8月~9月下旬（无花果上市时期）

材料与做法

无花果塔

〈甜面团〉

材料
直径7cm、高1.5cm的塔圈 约20个份

无盐黄油	200g
纯糖粉	120g

杏仁糖粉
- 杏仁粉 …… 80g
- 纯糖粉 …… 80g

全蛋 …… 60g
中筋面粉（日清制粉"ECRITURE"）…… 400g

1. 将黄油回软至滑顺的发蜡状态，放入糖粉，用打蛋器轻轻搅拌均匀，但不要拌进空气，不要打至发泡。

2. 放入杏仁糖粉搅拌均匀，但不要拌进空气。

3. 将恢复常温且打散的全蛋分2次放入，搅拌均匀，但不要拌进空气。

4. 放入事先过筛好的面粉，稍微搅拌，不要搓揉。

5. 换刮板，将面粉整理至不见粉状。

6. 砧板上铺一张保鲜膜，将5移至保鲜膜上，包起来整理成形，放入冰箱约冷藏半天。

〈杏仁奶油馅〉

材料
约20个份

无盐黄油	150g

杏仁糖粉
- 杏仁粉 …… 150g
- 纯糖粉 …… 150g

全蛋 …… 150g

1. 将黄油回软至滑顺的发蜡状态，放入杏仁糖粉，用打蛋器搅打均匀，但不要拌进空气。

2. 将恢复常温且打散的全蛋分2或3次放入，搅拌均匀，但不要拌进空气。

3. 搅拌均匀后用刮刀整理成形，然后用保鲜膜密封钢盆，放入冰箱冷藏半天使之收紧。

小炉面包
Maison de Petit Four

〈铺塔皮与烘烤〉

材料

无花果酱*·····················适量

*无花果酱
（备用量）
无花果·························2000g
细砂糖·························1600g
柠檬汁························2个份

1. 无花果洗净，连皮纵切成4等份。
2. 将1放入锅中，撒上细砂糖。用刮刀充分搅拌，不要让无花果烧焦，并随时捞出产生的浮末。
3. 待略呈糊状、整体出现透明感后放入柠檬汁，煮沸。

1. 将松弛好的面团用压面机压成厚度2.5mm，再用戳洞滚轮戳出气孔。

2. 用直径10cm圆形切模分切塔皮。

3. 在直径7cm、高1.5cm的塔圈中薄涂一层无盐黄油（分量外），然后将**2**紧密地铺进去。

4. 切掉模具外多余的塔皮。

5. 将无花果酱薄而均匀地放在塔皮底部中央，然后用杏仁奶油馅将塔圈整个填满。

6. 放入上下火皆180℃的烤箱中烤30分钟。

材料与做法

〈组合与完成〉

材料
1个份

樱桃白兰地	适量
覆盆子果酱*1	适量
香堤鲜奶油*2	适量
无花果（切成8等份）	6片
镜面果胶	适量
覆盆子	1个
防潮糖粉	适量
细叶芹	适量

*1 覆盆子果酱
（备用量）
A ┌ 水饴·······················24g
  │ 细砂糖·····················42g
  └ 水·························9g
覆盆子（冷冻）··············120g
果胶························4.8g
细砂糖························27g
柠檬汁·························7g

1. 锅中放入A，煮沸后放入覆盆子，再用中火继续煮。

2. 先将果胶和细砂糖充分拌匀，待1沸腾后放入，再放入柠檬汁后立即熄火。移至另一个容器里放凉。

*2 香堤鲜奶油
（约20个份）
40%鲜奶油·················350g
细砂糖·····················24.5g

1. 将鲜奶油和细砂糖打发至尖端挺直的程度。

1. 将烤好的塔皮从模具中取出，放在砧板上，用专用喷雾器将樱桃白兰地喷洒上去，使之湿润。

2. 用奶油刀将覆盆子果酱薄涂上去。

3. 用直径16mm的圆形挤花嘴将香堤鲜奶油挤至塔上，每个挤15g，然后冷藏。

4. 无花果去蒂，切成8等份，去皮。用专用喷雾器将樱桃白兰地喷洒上去，使之湿润。

5. 用6片无花果像要围起3的香堤鲜奶油般，美美地排上去，再用专用喷雾器将镜面果胶喷洒上去。

6. 用直径10mm的星形挤花嘴将香堤鲜奶油挤在顶点。将覆盆子轻轻放在糖粉上，让果实的边缘沾上糖粉，然后一个塔装饰一颗覆盆子。最后整体撒上糖粉，再装饰细叶芹。

小炉面包
Maison de Petit Four

在恒温的派皮工坊
制作最佳状态的面团

  1990年开业的"Maison de Petit Four"烘焙点心专卖店，于2004年起也开始制作含水量较高的生果子，从此产品更丰富了。为了制作出各式各样的点心，店内拥有面积非常大的厨房，二楼是专门制作生果子和巧克力的工坊，室温控制在23~24℃；一楼的店铺后面有个用门隔开的派皮工坊，室温则维持在18~20℃。

  这次介绍的"无花果塔"，是一款使用新鲜无花果所做成的塔，底座使用甜面团。

  "整体考虑后我决定采用较薄的塔皮，只有2.5mm，太厚就吃不出美味了。"西野主厨说。

  甜面团的制作关键在于，将黄油回软后依序加入糖粉、杏仁糖粉、全蛋、面粉，这样的顺序比较容易搅拌均匀，而且整个搅拌过程都不要拌进多余的空气，因此动作必须迅速。为了快速搅拌，必须让所有材料恢复至常温，尤其是蛋，如果是冷的，就会产生分离而不易拌匀，因此必须恢复常温。

  西野主厨选择的面粉是日清出品的"ECRITURE"。这是100%使用法国产小麦所制成的烧果子专用面粉，"口感酥酥松松，而且味道很好，用起来也很方便。"西野主厨说。

  面粉加水混合后一旦起筋，烤完后就会缩小，因此要最后放，而且只要拌匀就好，不要用力搓揉。如果起筋，就让面团冷却一下，起筋状况便会缓解一些。

  搅拌、擀压、铺塔皮这些动作会让面团的温度上升，里面的黄油就会融化导致面团软塌，这时就需要降温。

  因此，在常保低温的派皮工坊做出来的面团会比较好用。不过，仍需减少碰触面团的次数，并且迅速完成所有流程，才能做出最佳状态的面团。

用喷雾器喷洒浸汁
与镜面果胶

  压好面团后用戳洞滚轮戳出气孔，再用模具切割塔皮，然后紧密地铺进塔圈里。如果塔皮与塔圈之间有空隙让空气进入，烤出来就会呈凹陷状，要特别留意。在塔底放一些无花果酱，将杏仁奶油馅挤满整个塔圈，然后烘烤。

  烤好后立刻用专用喷雾器将樱桃白兰地喷上去。西野主厨认为新鲜无花果与樱桃白兰地很对味。

  "如果烤好后不立刻喷上酒或糖浆，就无法完全入味，而喷雾器可以快速且均匀地为大量的塔完成这项流程。如果用刷子一个一个来刷，就算再怎么小心，刷子也有脱毛的可能，但用喷雾器就不必担心了。"这就是使用喷雾器的理由。

  喷好樱桃白兰地后就涂上覆盆子果酱。覆盆子果酱与任何材料都很搭，味道也比草莓更有个性，而且带有酸味，与味道偏淡的无花果非常搭配。

  鲜奶油里加入7%的细砂糖，充分打发成香堤鲜奶油后挤入烤好的塔皮上，再放入冰箱冷藏使之凝固，然后立着斜斜地摆上无花果片。无花果片也要喷上樱桃白兰地来增添风味。

  最后上镜面果胶，同样不使用刷子来刷，而是使用专用喷雾器来喷。

  "能用手的步骤就一定要用手去做，不能偷懒，但其他步骤可以利用工具来完成。利用工具还有一大优点，就是卫生，我们做的是要送进客人嘴里的美食，卫生当然最重要了。"

  设施完备的工坊、提升效率的器具，以及员工用心的手工，正因为这三项完美结合，才能制作出一个个精致可口的甜点！

甜点茶坊
Pâtisserie Salon de Thé
Goseki

店东兼主厨　　五关　嗣久

塔的千变万化

洋梨巧克力塔
＊巧克力甜面团
→P.162

柠檬塔
＊杏仁黄油饼干面团
→P.168

柳橙塔
＊杏仁黄油饼干面团
→P.168

香草香蕉巧克力塔
＊巧克力黄油饼干面团
→P.169

红桃塔
＊快速千层酥皮面团
→P.175

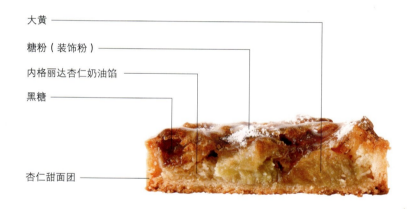

大黄
糖粉（装饰粉）
内格丽达杏仁奶油馅
黑糖
杏仁甜面团

这是一款以在欧洲非常普及的大黄为主角，再搭配浓郁的杏仁甜面团和加入内格丽达莱姆酒（NEGRITA）的杏仁奶油馅所完成的塔。大黄并未加工，直接放上去，撒上黑糖后烘烤。一口咬下去，面粉的芳馥、焦糖化黑糖的浓醇、大黄的酸甜等层次丰富，随后发酵黄油的香气涌上来。通过烘烤，材料的滋味全部浓缩在一块塔上，令人回味无穷。

塔皮
以甜面团为基底，再配上稍多分量的黄油与杏仁粉，制成美味又爽口的塔皮。烘烤之前倒入内格丽达杏仁奶油馅。

模具尺寸：直径8cm、高1.5cm

内馅的味道融入塔皮，
美味无法挡

大黄塔

455日元（约人民币26元）（含税）
提供期间　全年

材料与做法

大黄塔

〈杏仁甜面团〉

材料
直径8cm、高1.5cm的塔圈
约70个份

| 发酵黄油（雪印MEGMILK）…333g |
| 糖粉…………………………248g |
| 杏仁粉………………………124g |
| 盐……………………………2g |
| 全蛋…………………………100g |
| 中筋面粉（日清制粉 "TERROIR Pur"）………500g |

1. 将冰冷的黄油用保鲜膜包住，再用擀面棍敲打至变软好用的程度，放入搅拌盆中，用电动搅拌器低速打发成稍硬的黄油状。

2. 将糖粉、杏仁粉、盐放入钢盆，用手搅拌至松散状态。

3. 将2全部放入1的搅拌盆里，用电动搅拌器低速搅拌，不要拌进空气。

4. 在面团成团之前，将打散的全蛋分次放入。用电动搅拌器中低速搅拌，确认放入的蛋液充分混合后加入剩余蛋液。

5. 蛋液全部放入后，改用橡皮刮刀搅拌至滑顺。

6. 过筛好的中筋面粉全部倒入5里，用橡皮刮刀快速搅拌，在即将完全拌匀之前停止。

7. 将6拿至大理石台面上，用刮板将面团推展开。

8. 用掌根推揉面团，推至滑顺。

9. 将8整理成形，用保鲜袋包起来，放入冰箱冷藏1晚。

〈内格丽达杏仁奶油馅〉

材料
约40个份

| 发酵黄油（雪印MEGMILK）…200g |
| 杏仁糖粉 |
| ⎡ 杏仁粉…………………………200g |
| ⎣ 糖粉……………………………200g |
| 全蛋…………………………160g |
| 内格丽达莱姆酒………………50g |

1. 将恢复至室温的黄油放入钢盆中，用橡皮刮刀搅拌至即将顺滑时停止。

2. 制作杏仁糖粉。钢盆中放入杏仁粉和糖粉，用手搅拌至松散状态。

3. 将2全部倒入1里，用橡皮刮刀搅拌。如果将空气搅拌进去，入口时不容易化开，因此要用刮刀像切菜一样边切边搅拌。

甜点茶坊
Pâtisserie Salon de Thé Goseki

〈铺塔皮与烘烤〉

4. 在还是干巴巴的状态时，分5或6次放入恢复常温的全蛋，同时搅拌均匀。

5. 待整体呈柔软的糊状后再一点一点把蛋放入，同时搅拌至滑顺状态。

6. 将内格丽达莱姆酒放入 **5** 里，用橡胶刮刀搅拌均匀。开始会无法融合，但慢慢就会相融而滑顺了。待出现光泽就用保鲜膜密封，放在冰箱冷藏1晚。

材料
1个份

冷冻大黄（切片）⋯⋯⋯⋯⋯⋯6～7片
黑糖（日本冲绳波照间产）⋯⋯⋯⋯7g

1. 开始制作之前，将装满冰水的方形大托盘放在大理石台面上，让台面降温。尤其在夏天，这个步骤不能省略。

2. 松弛了一天的杏仁甜面团，最好能呈现质地细致、不黏手的状态。

3. 用擀面棍敲打 **2**，用刮板切成大块后整理成椭圆形。

4. 撒上一点点手粉（分量外），将擀面棍放在面团中央，从中心往上下擀成长方形。

5. 用擀面棍卷起面团来翻面，然后不断朝45°方向擀开。四个角落的厚度也要擀成一致。

6. 面团的两侧各放一根高3mm的厚度辅助器，把擀面棍放在上面滚动，就能擀出厚度为3mm的平整塔皮了。

7. 用直径11cm的塔圈切割塔皮。

8. 将切割好的塔皮翻面，铺进直径8cm、高1.5cm的塔圈里。用拇指和食指夹住塔圈边缘，以逆时针方向边转动边铺进去。

9. 让塔皮贴紧底部的边角。

15

材料与做法

10. 将有气孔的烤盘布铺在烤盘上,将9放入,然后放入冰箱冷藏30分钟左右。

11. 用奶油刀刮除塔皮边缘上多余的塔皮,然后用指甲在塔皮和塔圈之间切出空隙,这样烘烤后会比较容易脱膜。

12. 放回铺有烤盘布的烤盘中,再次放入冰箱冷藏30分钟左右。动作要快,不要让黄油融化,因此要不厌其烦地放入冰箱冷藏。

13. 挤花袋装上14号圆形挤花嘴,再装入内格丽达杏仁奶油馅,从塔圈的中心开始以划圆的方式挤出来。

14. 将冷冻的大黄稍微埋进内格丽达杏仁奶油馅里,整个填满。

15. 将黑糖撒在大黄上面。

16. 放入烤箱中烘烤,上火稍高一些,设定为190℃。当塔皮开始出现焦色时,就改成180℃,烤30分钟左右。

17. 将塔皮烤至焦色。稍微散热后脱膜,放凉。

〈组合与完成〉

材料
1个份

镜面果胶……………………………适量
糖粉(装饰粉)……………………适量

1. 用刷子将煮溶的镜面果胶涂在塔上面,要涂进大黄之间的空隙里。

2. 将装饰糖粉放入茶叶滤网里,将糖粉筛在大黄上面,不要过量,要看得出大黄。

将杏仁粉混合进黄油中,让塔皮富含杏仁的美味与芬芳

"塔这种传统点心非常简单,所以这么多年来大家都吃不腻。"五关嗣久主厨一语道破塔的魅力。他认为"塔的口味重点在于塔皮",于是十分讲究地按面粉品牌、配方、厚度等不同,做出超过三百种塔皮。

五关主厨的开发方式是,先决定馅料,再思考搭配的塔皮。这款"大黄塔"的馅料使用了具有独特酸味的大黄,因此选择掺了杏仁粉的杏仁甜面团。

甜面团的基本配方是面粉、黄油、砂糖的比例为2:1:1,水分(蛋)则为面粉量的20%,但这款杏仁甜面团则用了66%的黄油和24%的杏仁粉。这是为了让塔皮的滋味更有深度,除了能品尝到坚果的芳香与发酵黄油的浓醇,还能因此突显出大黄的酸甜与清爽。

使用大黄这类会释出水分的馅料时,如果用低筋面粉就会饱含湿气,无法保持塔迷人的酥松口感,因此这里使用的是中筋面粉。

塔皮的做法是采用先软化黄油再放面粉这种"crémage制法",因此口感极为绵密。重点在于将糖粉、杏仁粉、盐拌匀后放入黄油中慢慢搅拌,不要拌进空气。"如果有空气,烤好后会湿湿的,而且膨膨松松不好看,所以要尽量少地去搅拌。"五关主厨说。

加蛋进去时也一样,为了不混合进去多余的空气,要在完全拌匀之前停止用电动搅拌器,改用橡皮刮刀搅拌至完全乳化。放入面粉后在还是干巴巴的状态时就拿出来放在大理石台面上,用刮板和掌根将面团推匀。这个面团的含水量只有20%,不易成形,因此要用手揉至不会发黏、表面出现光泽、整体滑顺。

不用压面机而用手来推揉面团,是由于该店共使用了13种面粉,如果使用压面机就有可能混进其他面粉,因此这里的面皮都是"纯手工"制作。因为手温的关系,面团温度会上升,为了将面团保持在3~4℃,工作场所和大理石台面都要保持低温,面团也要不厌其烦地放入冰箱冷藏,整个流程必须快速完成。

在揉面团之前,要先用刮板切成大块,再整理成椭圆形。由于冷面团的外侧和中心的硬度不同,切开后再整理成一团才能让整体的硬度一致。

侧面和底部都要烤至焦色

挤进塔皮里的杏仁奶油馅,是先用杏仁粉和糖粉做成杏仁糖粉,再拌进黄油里,但不要拌进空气。先做好杏仁糖粉,能尽快乳化成滑顺状态。

将杏仁奶油馅挤进铺好的塔皮里,然后将未加工的大黄直接放上去,再撒上黑糖。黑糖是日本冲绳波照间生产的,整块购入后用牛刀切成粗末。使用粗末是为了制造出味道强弱的层次感。黑糖浓厚的甜味会渗进大黄里,大黄的美味再渗进塔皮里,这样的组合令风味倍增。

最后的烘烤步骤十分重要。烤至塔皮与内馅的烤色对比明显后,就能烤出塔该有的香气与松脆感了。脱模后要观察侧面,然后把整个塔拿起来观察底部,确认都出现完美烤色。

微笑甜点
Pâtisserie SOURIRE

店东兼甜点主厨　冈村 尚之

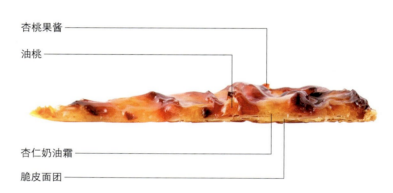

杏桃果酱
油桃
杏仁奶油霜
脆皮面团

塔的千变万化

水果塔
＊甜面团
→P.157

杏桃吉布斯特塔
＊脆皮面团
→P.172

为了能充分享用只在限定期间上市并拥有独特酸味的油桃，采用擀得薄薄的脆皮面团，上面放满油桃后烘烤，且在最后阶段移至烤网上面烤，因此果汁不会渗进塔皮里。主角虽然是水果和塔皮，但中间涂了一层薄薄的杏仁奶油霜，它的浓郁和美味，与油桃的酸味和塔皮的酥脆感极对味，可以完全获得法式薄片塔才有的水果满足感。

塔皮

为了发挥油桃的酸甜滋味与口感，将脆皮面团擀成2.5mm的厚度。在直径30cm的塔皮上均匀地薄涂一层100g的杏仁奶油霜，再进行烘烤。

模具尺寸：无（属于不空烧类型）

正因为薄，塔皮与水果的口感
完全融为一体

油桃薄片塔

一个4400日元（约人民币252元）（含税）／
一片440日元（约人民币25元）（含税）
供应期间 7月～8月（油桃上市时期）

材料与做法

油桃薄片塔

〈脆皮面团〉

材料
直径30cm 2个份

低筋面粉（日清制粉"VIOLET"）
·····················1500g
无盐黄油（森永乳业）········900g
细砂糖·······················30g
盐··························30g
水·························300g
蛋黄························4个

1. 将低筋面粉过筛，黄油约切成1cm小丁状，包含其他材料，全部放进冰箱冷藏至使用前取出。

2. 将低筋面粉、黄油、细砂糖、盐放入搅拌盆中，用电动搅拌器低速搅拌。

3. 蛋黄放入水里打散，在2还处在松散状态时将蛋液全部倒入，然后稍微调快搅拌器的速度继续拌匀。

4. 用刮板将面团整理成团，移至铺有保鲜膜的砧板上，再次整理成形。

5. 用保鲜膜包起来，放入冰箱冷藏1天。

〈杏仁奶油霜〉

材料
备用量（每1个使用100g）

无盐黄油·····················50g
糖粉·······················50g
全蛋························50g
杏仁粉（带皮）···············50g
卡仕达奶油馅*················50g

*卡仕达奶油馅
（备用量）
牛奶······················1000g
香草豆荚····················1根
蛋黄······················200g
细砂糖····················200g
玉米粉·····················40g
低筋面粉···················40g

1. 锅中放入牛奶，用刀子纵向切开香草豆荚，刮出香草豆，连同豆荚一起放入锅中，煮至快沸腾时熄火。
2. 蛋黄打散，放入细砂糖，用打蛋器混拌至泛白。
3. 依序将玉米粉、低筋面粉放入2中，拌匀。
4. 将3放入1中搅拌，用细滤网过滤后再次加热。
5. 待锅子的中心冒泡后就用打蛋器一边搅拌一边继续煮2~3分钟。
6. 将锅子放入冰水中急速冷却，再用细滤网过滤。

1. 制作杏仁奶油霜。将事先过筛好的糖粉放入呈发蜡状的黄油中，用刮刀搅拌至滑顺。

Pâtisserie SOURIRE

微笑甜点

2. 将恢复至室温的全蛋打散,将1/2量放入 1 中搅拌,但不要拌进空气,再将1/2量的杏仁粉放入搅拌,同样不要拌进空气。

3. 将剩余的全蛋放入搅拌,再将剩余的杏仁粉放入搅拌均匀。重点在于一直到最后都不要打至发泡。

4. 将少量的 3 放入卡仕达奶油馅里,充分拌匀后全部倒回 3 中,拌匀后放入冰箱冷藏。

〈铺塔皮与烘烤〉

材料
1个份

油桃	6个
无盐黄油	适量
细砂糖	适量

1. 用擀面棍将松弛1天的脆皮面团擀成2.5mm的厚度,再用戳洞滚轮戳出气孔。

2. 用直径30cm的塔圈切割塔皮,然后放在铺有烘焙纸的烤盘上,放入冰箱冷藏1天。

3. 用圆形挤花嘴将100g的杏仁奶油霜均匀地薄涂在 2 上面,然后用奶油刀抹匀。

21

材料与做法

4. 油桃避开果核纵切成厚1.5cm的薄片。由外侧向中心呈放射状无间隙地排在3上面。

5. 油桃表面均匀地涂上发蜡状的黄油,再撒上细砂糖。

6. 放入170℃的对流烤箱中烤15分钟,将烤盘前后对调再烤5分钟,最后从烤盘移至烤网上继续烤10分钟。

〈完成〉

材料
1个份

杏桃果酱·······················适量

1. 烤好的塔表面涂上熬煮的杏桃果酱。

微笑甜点
Pâtisserie SOURIRE

制作方法
会完全反应在塔上

"Pâtisserie SOURIRE"的商标就是塔模与擀面棍，主商品并非是塔，"因为塔是一种简单的点心，投机取巧或不用心，都会在一块塔上面反应出来。"冈村尚之主厨表示，为了提醒自己不要忘记所有甜点都要用心制作，因此选择塔模和擀面棍作为该店的商标。

"制作点心的基本功都集中在一块塔上面了，因此，不能对基本功掉以轻心，就算再细琐的流程都要把握住要诀，仔仔细细地完成。"冈村主厨补充表示，他最看重的就是塔的整体平衡，决定好要使用的水果后就配合水果选择塔皮的种类，改变塔皮厚度与烘烤方式，即使是同样的水果，也会视状况调整塔皮和奶油馅中砂糖、黄油的用量。

"法式薄片塔"上所放的时令水果会随季节改变，这次是选择主厨偏爱的味道酸酸甜甜的油桃。

切片时，要考虑到烘焙方法以及连同水果一起吃进嘴里的口感，即使同样的水果，也要视果实大小而改变切片的厚度，这次是将油桃切成1.5mm厚的薄片。残留在果核上的果肉也要完全切下来。不浪费任何食材也是主厨的重要工作态度。

摆放塔皮时，厚度不一就会受热不均，烤色就不均匀，因此要从外围起，呈放射状排列整齐。由于烘烤后油桃会缩小，排列时不要留有空隙，可以利用从果核上切下来的果肉，切细后填满空隙。

塔皮材料需要全部冷藏，
最后放在烤网上烘烤

做成"法式薄片塔"的面团会配合水果种类改变，一般来说，大约有10%使用口感类似蛋糕且带有甜味的甜面团，其余90%使用少糖且接近饼干面团的脆皮面团，而这款"油桃薄片塔"用的就是脆皮面团。

这种面团的优点在于酥松的口感，而这种口感是将所有材料在冰冷状态下混合才能制造出来的，因此材料要放在冰箱冷藏，直至使用之前才拿出来，而且制作速度要快，才不会让面团的温度升高。全部搅拌完以后必须再放入冰箱冷藏1晚。

隔天，将面团放在大理石台面上，用擀面棍敲打后整理成形，再擀成2.5mm厚度的薄片。通常会使用压面机，但像这次这样用擀面棍来擀，就要施力一致且反复横向、纵向90°地来回擀匀。

割出直径30cm的塔皮。尺寸虽大，但在店里是切成10等份销售的，因此这个大小刚刚好。

将塔皮放在铺好烘焙纸的烤盘上，再放入冰箱冷藏1晚。如此让塔皮充分松弛后就能烤出预期的口感了。

如果直接将油桃放在塔皮上烤，烘烤时释出的果汁会把塔皮弄湿，因此要先在塔皮上薄涂一层杏仁奶油霜。用圆形挤花嘴仔细地在塔皮上挤出螺旋状，然后直接放上水果也很漂亮，不过，"这样也可以啦，但我想把它抹得更均匀、光滑。"冈村主厨用奶油刀将表面抹平，这个动作传达出他那"任何流程都不能偷工减料"的认真态度。

如同前述，将油桃片排在杏仁奶油霜上面，放在170℃的烤箱中烘烤15分钟，然后将烤盘的前后对调，再放入烤箱烤5分钟。之后将塔从烤盘移至烤网上，再烤10分钟。水果或多或少都有果汁，烤的时候一定会溢出来，将塔移至烤网上烤，就能防止果汁进入塔皮里，也能从底部确认烘烤状况（参考P.22图）。

阿卢卡伊库法式甜品
Pâtisserie Française
Archaïque

店东兼甜点主厨　　高野　幸一

塔的千变万化

无花果塔
＊甜面团
→P.160

熔岩巧克力塔
＊甜面团
→P.162

什锦果仁塔
＊甜面团
→P.166

杏仁塔
＊甜面团
→P.167

林兹塔
＊林兹面糊
→P.176

杏仁片
糖粉
蛋奶酱
果仁糖奶油霜
梅干
蛋奶酱
反折千层酥皮面团

传统的法式甜点"新桥塔",是将融合卡仕达奶油馅和泡芙面糊而口感酥软的蛋奶酱挤在千层酥皮面团上烘烤而成,而这款"果仁糖塔"就是改良自"新桥塔",充满了高野主厨的个人风格。为了让上半部膨胀得松松软软,烤至一半时要用刀子切开面团与蛋奶酱,烤好后再将上半部切开,挤进果仁糖奶油霜。蛋奶酱中藏着一颗梅干,刚刚好的酸味与杏仁超对味。

塔皮

厚度2.5mm的反折千层酥皮面团。这种用黄油包住面团后再反折起来的塔皮,与一般塔皮比起来,每一层更薄,更能吃出酥松的口感。

模具尺寸:底部直径4.5cm、上面直径7cm、高2cm

在"新桥塔"上增添果仁的浓郁

果仁糖塔

320日元（约人民币18元）（含税）
供应期间 全年

材料与做法

果仁糖塔

〈反折千层酥皮面团〉

材料
1个面团份

千层酥皮面团
- 牛奶……………………250g
- 水………………………250g
- 盐…………………………25g
- 细砂糖……………………15g
- 高筋面粉（江别制粉"香麦"）……………………400g
- 中高筋面粉（江别制粉"炼瓦"）……………………500g
- 全麦面粉（熊本制粉"石臼研磨全麦面粉CJ-15"）……100g
- 发酵黄油（日本四叶乳业）……100g

黄油面团
- 发酵黄油（日本四叶乳业）……450g
- 无盐黄油（日本四叶乳业）……450g
- 中高筋面粉（江别制粉"炼瓦"）……………………300g

1. 将牛奶、水、盐、细砂糖都放入冰箱冷藏，直至要用时取出。面粉预先过筛混合，冬天可以放置室温下，夏天需要放入有冷气的房间里（约18℃）。

2. 将水、盐、细砂糖放入牛奶中，用打蛋器搅拌，再倒入搅拌盆中。

3. 低速搅拌，同时放入面粉搅拌。

4. 将黄油融化至约为人体温度（约30℃）后，在面团快要成团前放入，搅拌至用手指按下去会恢复原始状态的程度。

5. 将面团移至大理石台上，整理成形，用保鲜袋包起来，放置室温下松弛10分钟。

6. 用手将面团整理成四方形，用保鲜袋包起来，放置室温下松弛10分钟。

7. 再次用手轻轻整形，用保鲜袋包起来，放置室温下松弛10分钟。如此反复，是让面团保持最佳状态的诀窍。

8. 利用频频松弛面团的空档来制作黄油面团。务必先将两种黄油和面粉放在冰箱冷藏。取出后用擀面棍敲打黄油，硬度一致后再放入搅拌盆里。

9. 放入1/3量的面粉，用低速搅拌。待面粉融合后再倒入剩余的量，继续搅拌，快要融合均匀时稍微加快搅拌速度，搅拌至面团不会黏在搅拌盆上的状态最为理想。如果是夏天，不妨将搅拌盆和搅拌器都提前冰起来。

10. 将面团放在工作台上，整理成椭圆形后再用擀面棍整理成四方形。用保鲜袋包起来，放入冰箱冷藏1小时以上。

12. 将千层酥皮面团放在黄油面团上面，右端对齐，从左端折向中间，用擀面棍轻轻压实。

14. 用擀面棍整理形状，放入压面机后再折成三折。

15. 将面团旋转90°，用压面机压成7mm的厚度。从面团左端在长度约1/4处折向中间，用擀面棍轻轻压实。再从面团的右端以面的边缘为折线折向中间，并用擀面棍轻轻压实。最后从左端向右对折，这样就完成4层了。这种折法，会比左右对折式的四折法更平整。用保鲜袋包起来，放在冰箱冷藏1~2小时。

16. 将15的面团旋转90°，用压面机压平，然后折三折。再次将面团旋转90°，用压面机压平，折三折（总共折2次三折）。用保鲜袋包起来，放在冰箱冷藏1晚。

11. 用压面机将10的黄油面团压成长30cm、宽90cm，将7的千层酥皮面团压成长30cm、宽60cm。

13. 再对折一次，形成黄油面团、千层酥皮面团、黄油面团、千层酥皮面团、黄油面团，共5层。用保鲜袋包起来，放在冰箱冷藏使之变硬（约2小时）。

材料与做法

〈蛋奶酱〉

材料
100个份

卡仕达奶油馅＊1ⅰⅰⅰⅰⅰⅰⅰⅰ1500g
泡芙面糊＊2ⅰⅰⅰⅰⅰⅰⅰⅰⅰ3000g

＊泡芙面糊放久了会膨胀不起来，因此要在使用之前再制作。

1. 制作蛋奶酱。用刮刀搅软卡仕达奶油馅后，将泡芙面糊放入，充分拌匀。

＊1
卡仕达奶油馅
备用量

牛奶ⅰⅰⅰⅰⅰⅰⅰⅰⅰⅰⅰⅰⅰ1000g
香草豆荚（大溪地产）ⅰⅰⅰⅰ1/2根
蛋黄ⅰⅰⅰⅰⅰⅰⅰⅰⅰⅰⅰⅰⅰ200g
细砂糖ⅰⅰⅰⅰⅰⅰⅰⅰⅰⅰⅰⅰ250g
中高筋面粉（江别制粉"炼瓦"）
ⅰⅰⅰⅰⅰⅰⅰⅰⅰⅰⅰⅰⅰⅰⅰ100g
无盐黄油（日本四叶乳业）ⅰⅰⅰ100g

1. 锅中放入牛奶，纵向切开香草豆荚，刮出香草豆，连同豆荚一起放入锅中，煮至快沸腾时熄火。

2. 蛋黄和细砂糖放入钢盆中，用打蛋器混拌至泛白。

3. 将预先过筛好的面粉全部倒入**2**中，用打蛋器打至不见粉状。

4. 将2/3量的**1**（含香草豆荚）倒入**3**中搅拌，再过滤回**1**中，再次加热。

5. 用打蛋器一边施力均等地强力搅拌，一边用大火加热。待奶油馅呈光滑状态时熄火，放入黄油，使其完全融化。

6. 移至方形平底盘上，表面用保鲜膜密封，急速冷冻。

*2
泡芙面糊
备用量

A ┌ 水·······················500g
　├ 牛奶·····················500g
　├ 盐·······················10g
　└ 细砂糖···················10g
无盐黄油（日本四叶乳业）·····450g
中高筋面粉（江别制粉"炼瓦"）
·························600g
全蛋·················900~1000g

1. 将A放入锅中，用大火煮沸。放入黄油搅拌，沸腾后熄火。

2. 将预先过筛好的面粉全部倒入，用木匙搅拌至看不见粉粒后再度加热，从锅底往上翻搅，拌匀。

3. 待面团形成可以从锅子里整体剥下来的团状后，移至搅拌盆里，用搅拌铲低速转动30秒左右，再让面团稍微降温。

4. 将蛋分4或5次放入，同时搅拌至出现光泽、用搅拌铲刮起来呈倒三角形下垂的状态即可，如果这时候蛋还有剩余，就不必放入了。

29

材料与做法

〈铺塔皮与烘烤〉

材料
1个份

梅干（半干燥）……………1/2个
杏仁片………………………适量

---

1. 松弛1天的反折千层酥皮面团用压面机压成2.5mm的厚度，再用戳洞滚轮戳出气孔，放置18℃的室温里1小时。

2. 用直径8cm的模具切割塔皮，铺在均匀地薄撒一层高筋面粉（分量外）的半球形（底部直径4.5cm、上部直径7cm、高2cm）塔模上，压实，不让空气进入。

3. 梅干对半切，一个塔放入半个梅干，再挤上45g的蛋奶酱，表面撒上杏仁片，放入上下火皆为200℃的烤箱烤20～25分钟。

4. 待表面膨胀后，在塔模边缘高处、面团与蛋奶酱之间切进一刀，这样能让面团膨胀得更漂亮。再次放入上火180℃、下火200℃的烤箱中烤30分钟。

〈组合与完成〉

材料
30个份

果仁糖奶油霜
　卡仕达奶油馅（→参考P.28
　 "蛋奶酱"）………………500g
　杏仁糖………………………100g
　杏仁利口酒…………………50g
防潮糖粉………………………适量

---

1. 将烤好的塔脱模，稍微散热。

2. 搅软卡仕达奶油馅，将杏仁糖放入搅拌均匀，然后用杏仁利口酒增添风味。

3. 切开上半部膨胀的部分。下半部里面的塔皮如果太厚就切掉一点，挤进果仁糖奶油霜，再把上半部盖回去，撒上糖粉即完成。

30

阿卢卡伊库法式甜品
Pâtisserie Française Archaïque

**调和千层酥皮面团
与蛋奶酱的不同口感**

16~17世纪，法国塞纳河上架起了一座桥，取名为"新桥"，顾名思义就是一座新建的桥，但它是巴黎现存最古老的桥。传说这座桥搭起时，"新桥塔"也应时出现。

据说如今在法国已经不太制作"新桥塔"了，反而常出现在日本的甜点坊，似乎不少甜点师傅都"想介绍更多法国的传统糕点和地方性甜点。"

"新桥塔"的特色在于蛋奶酱中放入卡仕达奶油馅和泡芙面糊。

泡芙面糊做好后久放会膨胀不起来，因此务必使用之前再制作。有些配方的比例是1:1，但是，"如果卡仕达奶油馅太多，口感就会像米糕了。"高野主厨这么认为，于是把比例改成卡仕达奶油馅与泡芙面糊的比例为1:2。而且由于放入了泡芙面糊，烤好后膨胀起来会产生空洞。

"有位在酒吧吃到新桥塔的老顾客开玩笑说：'这个不行啦，里面有空洞！'于是我就想做出改良版的新桥塔，就是里面放入与塔皮极对味的杏仁奶油霜。"这样，这款"果仁糖塔"诞生了。

填进空洞部分的是混合的杏仁糖与卡仕达奶油馅，且添加了杏仁利口酒而滋味浓郁又丰富的奶油霜。不仅如此，最上面还撒上大量的杏仁片，烘烤后杏仁的香气浓郁。

**频频让面团松弛，
以独特折法制作塔皮**

塔皮为千层酥皮面团，特别之处是采用反折面团，会比一般千层面团的薄层更薄，入口即化，而且高野主厨还在折法上加入了个人巧思。

开始是用黄油面团包住千层酥皮面团，放入冰箱冷藏，再用压面机压出来，折三折，然后将面团换个方向，再过一次压面机，折四折。一般的四折折法是将面团的左右两端朝中间折进来后再对折，但高野主厨的折法是，将面团的左端在长度约1/4处朝中间折进来，用擀面棍压实接着面，然后以接着面的边缘为折线，将面团右端折向中间，再以接着面为内侧对折回去。这种折法会让千层酥皮的层次更平整漂亮。

千层酥皮面团中放入了熊本制粉的全麦面粉。这个品牌的面粉是将日本产小麦用石臼磨制而成，能吃到全麦面粉特有的怡人口感。

"Archaïque"的厨房空调设在24~25℃，但有些房间是维持在18℃，铺完塔皮后就会放在这个房间松弛1小时。制作千层酥皮面团时也一样，每次将面团整理成形这种重要时刻，都必须放置室温下松弛10分钟。因为直接冷藏面团中的油脂会凝缩，面团就会变硬，因此必须不厌其烦地放置室温下松弛，以保持最佳状态。

对于"喜欢烘焙而成的甜点"的高野主厨而言，塔是不可或缺的，因此店内的展示台里1/3是派塔甜点，而小糕点方面，比起使用海绵蛋糕，也是使用塔的产品比较多。

高野主厨表示，制作塔最重要的程序在于烘焙，也就是要将水分烘干得宜，要将塔皮与黄油的风味烘烤出来，如果烤至出现苦味就不对了。不论空烧塔皮，还是烘烤放入奶油馅和慕丝的塔，水分的流动方式都不一样，因此烘焙方式必须随时改变。

一角法式甜品
PATISSERIE FRANÇAISE
Un Petit Paquet

店东兼甜点主厨　　及川 太平

肉桂粉
糖粉
咖啡蛋白霜
核桃
糖煎香蕉
椰子蛋奶酱
甜面团

由于风味极搭，及川太平主厨经常使用椰子搭配香蕉。这款"香蕉椰丝塔"，就是在甜面团里加入以椰子为基底又添加莱姆酒风味、质地浓郁的蛋奶酱，再放上糖煎香蕉烘焙而成，上面还放了咖啡风味的蛋白霜，撒上糖粉后再次烘烤。爽口的甜面团和莱姆酒香，将这些调和好的南洋风材料完美衬托出来了。

塔的千变万化

草莓塔
＊甜面团
→P.157

生奶酪塔
＊甜面团
→P.165

吉布斯特塔
＊甜面团
→P.166

格勒诺布尔塔
＊甜面团
→P.166

塔皮
考虑到要支撑蛋奶酱，还有与其他馅料的搭配性、口感、能否品尝到塔皮滋味等种种因素，将甜面团擀成3mm的厚度。

模具尺寸：直径18cm、高2cm

椰子、郎姆酒、咖啡香四溢，
犹如南国太阳般的塔

香蕉椰丝塔

3200日元（约人民币180元）（不含税）
供应期间 不定期

材料与做法

香蕉椰丝塔

甜面团

◆直径18cm、高2cm的空心模 2个份

发酵黄油（明治乳业）	270g
香草糖	5g
糖粉	170g
全蛋	90g
杏仁粉	60g
低筋面粉（日清制粉"VIOLET"）	450g

1. 黄油搅软后放入香草糖和糖粉，拌匀。
2. 将打散的蛋液一点一点加进去，同时搅拌。
3. 放入杏仁粉，再放入低筋面粉，拌匀至没有粉状。
4. 用刮板将面团整理得均匀平整，用保鲜袋包起来放入冰箱冷藏1晚。

椰子蛋奶酱

◆2个份

全蛋	170g
细砂糖	200g
杏仁粉	100g
玉米粉	10g
发酵黄油（明治乳业）	80g
椰子丝	100g
43%鲜奶油	65g
黑郎姆酒（NEGRITA）	55g
卡仕达奶油馅*	350g

*卡仕达奶油馅
（备用量）

牛奶	1000g
蛋黄	240g
细砂糖	250g
玉米粉	40g
鲜奶油粉	80g
无盐黄油（明治乳业）	60g

1. 锅中放入牛奶，煮至沸腾前熄火。
2. 钢盆中放入蛋黄和细砂糖，用打蛋器打至泛白。
3. 将玉米粉和鲜奶油粉全部倒入，用打蛋器打至没有粉状。
4. 将1放入3中搅拌均匀，再倒回1的锅中，再次加热。
5. 用打蛋器一边施力均等地用力混拌，一边用大火加热。待奶油馅变得细致光滑后熄火，放入黄油，搅拌均匀。
6. 倒入方形平底盘中，用保鲜膜密封，急速冷冻。

1. 制作椰子蛋奶酱。将全蛋、细砂糖混拌均匀。
2. 放入杏仁粉和玉米粉，拌匀。
3. 放入回软但未融化的发酵黄油，拌匀，不要拌进空气。
4. 放入椰子丝，搅拌但不要打发。
5. 放入鲜奶油，拌匀后加入郎姆酒增添风味。
6. 用刮刀将卡仕达奶油馅搅软后和5混合，放入冰箱冷藏1小时使之收紧。

糖煎香蕉

◆1个份

熟透的香蕉（厄瓜多尔产）	3根
细砂糖	适量
无盐黄油（明治乳业）	适量
黑郎姆酒（NEGRITA）	适量

1. 香蕉切成1.5~2cm的薄片。
2. 锅中放入细砂糖和黄油，煮成薄焦糖，用来嫩煎1。待香蕉里面都热了，淋上郎姆酒，再倒至盘子里放凉。

咖啡蛋白霜

◆1个份

细砂糖	200g
水	50g
蛋白	100g
咖啡精（TRABLIT）	适量

1. 将细砂糖和水加热至120℃，做成糖浆。
2. 将1一点一点倒入蛋白中，同时打至发泡，做成蛋白霜。加入咖啡精增添风味。

铺塔皮与烘焙

| 核桃 | 适量 |

1. 将松弛1晚的甜面团用压面机压成3mm的厚度，用戳洞滚轮戳出气孔。放在直径18cm、高2cm的空心模上，用奶油刀割出比塔模外圈约大3cm的塔皮，铺进塔模内压实，不要让空气进入，放入冰箱冷藏。
2. 用奶油刀将塔模上面多余的塔皮切掉。将椰子蛋奶酱倒入模具至八分满，然后将糖煎香蕉均匀地埋进酱汁里，再均匀撒上核桃粗粒。
3. 放入上火200℃、下火160℃的烤箱中烤40分钟。过程中必须随时观察烘焙状况来调节温度。

组合与完成

杏仁片	适量
纯糖粉	适量
肉桂粉	适量

1. 将烤好的塔皮脱模，放凉。待稍微放凉后，上面叠一个同样大小的空心模，将咖啡蛋白霜放满整个塔模，用奶油刀抹平表面，然后脱模。
2. 表面撒上糖粉，放在170℃的烤箱中约烤1分30秒。
3. 稍微散热后放上杏仁片排满一圈，然后撒上肉桂粉。

一角法式甜品
PATISSERIE FRANÇAISE Un Petit Paquet

充分运用水果与
坚果的滋味与香气

及川太平主厨说"塔很有意思",理由是"水果和坚果的味道可以直接表现出来"。当中,及川主厨最爱用的就是香蕉与椰子的组合,也常运用在慕丝上。

这款"香蕉椰丝塔"的蛋奶酱,是先将全蛋、杏仁粉、发酵黄油、乳脂成分高达43%的鲜奶油和椰子丝等混合后,用朗姆酒增添风味,然后加上卡仕达奶油馅,让质地更浓郁、香气更丰富。混合材料时,如果打至发泡,烘烤后会膨胀起来,然后膨胀的部分又会凹陷下去,因此搅拌时不要打发。

将蛋奶酱倒入甜面团中,然后将糖煎香蕉埋进去。使用厄瓜多尔生产而且全熟的香蕉。如果香蕉还不够成熟,嫩煎后里面会偏硬不好吃。将香蕉切成1.5~2mm的薄片,然后用加热的细砂糖和黄油嫩煎。

及川主厨表示:"重要的是要让香蕉内部都加热。即使是完全成熟的香蕉,如果没煎好,里面还是会硬硬的,那么凉吃的时候就会觉得硬硬的不好吃。"可见他连细微的口感都不放过。煎好后淋上莱姆酒,再移至盘子里放凉。

糖煎香蕉上会撒一点核桃粗粒再烘烤。蛋奶酱和糖煎香蕉中,都有些微的莱姆酒香,让坚果与水果的滋味更平衡,而加入核桃的口感后椰子与香蕉就更搭了。

到这里,"香蕉椰丝塔"可以算是完成了,不过,"如果只有这样就不好玩了,我还想要让味道、香气和口感都更有深度。"于是及川主厨在上面加了一层咖啡风味的蛋白霜。

一边放入加热至120℃的糖浆,一边将蛋白打发,做成偏硬的意式蛋白霜,再用咖啡精增添风味。

在烤好的塔皮上叠一个同尺寸的空心模,将蛋白霜满满地填进去。拿掉塔模,在表面撒上纯糖粉,然后放入170℃的烤箱烤1分30秒。如果高温烘焙,蛋白霜会爆炸,因此要随时注意烘焙状况,适时调低温度、缩短时间,迅速烤至凝固。表面的糖粉焦焦脆脆的,与蛋白霜的滑顺形成反差,美味无比。

椰子和香蕉,与同样是南国产物的咖啡极对味,能互相衬托得更美味。

坚持塔皮
一律要维持在3mm的厚度

"因为吃起来最爽口,所以我最喜欢甜面团了。"及川主厨非常赞赏甜面团的口感。他在面团里使用了香气和味道都很棒的发酵黄油,并且加入了杏仁粉,让风味更多样。

"塔皮不只是个容器而已,它是构成甜点的重要部分,所以我很注重它的口感和风味。"及川主厨将塔皮擀成3mm的厚度,然后均匀地铺进空心模里。

混合好材料并整理成形的面团,为了稳定它的弹性,同时也为了在擀压时不让油脂渗出,必须放在冰箱冷藏1晚。

用擀面棍将面团擀成3mm的厚度后,必须戳洞以避免加热后膨胀。将塔模放在面团上,割出比塔模外围大3cm左右的塔皮,然后铺进塔模里,放入冰箱冷藏。在切掉超出塔模的多余塔皮时,如果塔皮太软就无法切得漂亮,因此要将塔皮冰至变硬。

"切掉多余塔皮后的切口,也要全部整理成3mm,如果厚度不同,口感就变了。"及川主厨表现出他的完美主义个性。

高山甜品
pâtisserie
mont plus

店东兼甜点主厨　　林　周平

塔的千变万化

水果塔
＊甜面团
→P.156

葡萄柚塔
＊甜面团
→P.161

蒙莫朗西樱桃
＊甜面团
→P.163

白奶酪塔
＊甜面团
→P.165

柠檬塔
＊咸面团
→P.172

- 金箔
- 开心果
- 白巧克力酱
- 黑醋栗蛋奶酱
- 香草黄油饼干面团

林周平主厨向来以制作不被风潮左右的法式甜点闻名，这款"白巧克力佐黑醋栗塔"，即是他重现巴黎甜点老铺"Jean Millet"柠檬塔的改良版。在白巧克力镜面酱的衬托下，黑醋栗的魅力无可阻挡。

塔皮

品尝黑醋栗时，这种质地易碎的香草黄油饼干面团具有解腻功能，但为了不让口感停留太久，将厚度做成4mm。空烧后再倒入蛋奶酱。

模具尺寸：直径18cm、高2cm（1/8切片）

色彩的惊艳、
滋味的对比、香气的共鸣

白巧克力佐黑醋栗塔

1片500日元（约人民币29元）（不含税）
供应期间 6月~8月

材料与做法

白巧克力佐黑醋栗塔

香草黄油饼干面团

◆直径18cm、高2cm的塔圈 4个份

无盐黄油（森永乳业）……………300g
香草豆荚（马达加斯加产）……1根
糖粉……………………………180g
全蛋……………………………100g
杏仁粉……………………………50g
低筋面粉
（日清制粉"特选VIOLET"）
………………………………500g
发粉………………………………1g

1. 将呈发蜡状的黄油和从豆荚中刮出来的香草豆放入搅拌盆中，用低速边搅拌边分4或5次放入糖粉。
2. 分4或5次放入充分打散的全蛋。
3. 将杏仁粉全部放入搅拌。
4. 将过筛后混合在一起的低筋面粉和发粉分2或3次放入搅拌。将面团整理成形后用保鲜膜包起来，放在冰箱冷藏1晚。

黑醋栗蛋奶酱

◆2个份

全蛋………………………………270g
糖粉………………………………90g
A ┌ 黑醋栗果泥（BOIRON社）
  │ ………………………………180g
  └ 黑醋栗利口酒（BOIRON社）
    ………………………………90g
玉米粉……………………………12g
香草精……………………………适量
无盐黄油（森永乳业）……………90g

1. 全蛋打散，和糖粉一起用打蛋器混拌。
2. 先用少量混合好的A将玉米粉拌匀，再全部倒入A里搅拌均匀。
3. 将2分3或4次放入1里，搅拌均匀。
4. 放入香草精，再放入60℃的融化黄油，拌匀。

白巧克力酱

◆4个份

牛奶………………………………100g
35%鲜奶油（OMU乳业）………30g
可可脂
（CACAO BARRY社"Mycryo"）
………………………………30g
白巧克力（CACAO BARRY社
"Blanc Satin"）
………………………………350g
无盐黄油（森永乳业）……………85g

1. 将牛奶、鲜奶油、可可脂混合，稍微煮沸。
2. 将白巧克力倒入1，用手持电动搅拌棒搅拌至完全乳化。
3. 当2处在35～40℃的状态时，将切成小丁状的黄油放入，用橡胶刮刀搅拌，再用手持电动搅拌棒搅拌至完全乳化。

铺塔皮与烘焙

1. 将香草黄油饼干面团用压面机压成4mm的厚度，然后用直径23cm的模具切割塔皮，铺进直径18cm、高2cm的塔圈里。
2. 放入冰箱冷藏1小时后放入190～200℃的烤箱中烤25～30分钟。

组合与完成

开心果……………………………适量
金箔………………………………适量

1. 将黑醋栗蛋奶酱倒入空烧过且放凉的塔皮里，倒至八九分满，放入170～180℃的烤箱中烤30～35分钟。稍微散热后放入冰箱冷藏。
2. 在1的上面淋上白巧克力酱，用奶油刀抹平表面。
3. 开心果搅打成碎末后放在边缘，装饰上金箔。

高山甜品
pâtisserie mont plus

从熟悉的材料
变化出新滋味

巴黎糕点名店"Jean Millet"的店东兼主厨德尼斯·莱佛士与日本法式甜点界渊源极深。林周平主厨1989年远赴法国,便一心想在当时名气并不大的"Jean Millet"工作,后来终于如愿以偿,他在这家店苦熬了3年,经过严格训练后当上领班主厨。这次介绍的这款"白巧克力佐黑醋栗塔",据说就是莱佛士主厨的独创作品。

"这个塔很特别吧?德尼斯主厨明明不吃白巧克力的,但他还是善用白巧克力的特性,创作出新的口味来,这就厉害了。"林主厨表示,这是一个将熟悉的甜点食材变出新花样的好例子,不但可以用柠檬、柳橙来做,连芒果也没问题,兼容性极高正是这个配方的不可思议之处。

这款改良版黑醋栗塔配方中的黑醋栗蛋奶酱,是用黑醋栗果泥取代原本柠檬塔中的柠檬汁。果泥和利口酒加起来水分很多,"吃进嘴里几乎都是水。"放在烤箱烤过后玉米粉变糊,就会有点黏糊糊的口感。黑醋栗的香气与酸味,搭上圆润又甜蜜的白巧克力镜面酱,味道各自独立,却又巧妙地搭配在一起。

第一眼会被漂亮的颜色所吸引,而第一口就会因为美味在口中超乎想像地扩散开来而惊奇。香气深邃原本就是林主厨所制作甜点的特色之一,这款塔除了黑醋栗的香气外,西西里岛的帕尔马绿皮开心果的果香也会微微窜上鼻腔,华丽感十足。此外,装饰在边缘的开心果碎末都刻意让尖角立起,于是装饰就不仅是装饰而已,虽然是个小细节,但也多少达到画龙点睛的效果。

用黄油饼干面团
来表现膨松的口感

这款香草黄油饼干面团当然是要跟黑醋栗蛋奶酱一起入口的,刻意做成4mm的厚度,比一般的黄油饼干面团厚一点,就是要展现独特的口感。最大目标当然是为了顺口,但也希望顾客品尝时,能同时吃出膨松的口感。

"塔这种甜点正因为它的呈现方式很简单,所以让它的口味与众不同很难,但也很有趣。面团是表现口感的构成要素,轻忽不得,由于选材不同或厚度不同,完成后的口感可以说天差地别,而且会直接影响其滋味。"林主厨说。

"mont plus"的派塔向来以口感佳闻名。黄油饼干面团的口感湿润、入口即化,而甜面团则是酥酥脆脆,且滋味多少会残留在嘴里。除了放入杏仁奶油馅后烘焙的甜面团以外,林主厨为了表现出特别的口感,都会在面团上涂抹蛋黄来防止湿气,并通过戳洞防止烘烤后缩小。

因此,"mont plus"的派塔,有些放至隔天仍然保有酥松的口感,有些则是吸饱了奶油馅的湿气而更加美味,例如"蒙莫朗西樱桃塔"就是不涂抹蛋黄,特意表现出经过二三天浸润后的柔软口感。"蒙莫朗西樱桃塔会随时间而增加独特的湿气,这个湿气是从樱桃里一点一点散发出来的,正因为这样会特别好吃,我才要让甜面团吸饱湿气。"林主厨说。了解各种面团的口感后,配合甜点的表现重点来改变配方和塔皮的厚度,就能让塔千变万化了。

小焙蛋糕
Pâtisserie
La cuisson

店东兼甜点主厨　　**饭冢 和则**

塔的千变万化

无花果塔
＊甜面团
→P.157

开心果樱桃塔
＊甜面团
→P.163

随心所欲塔
＊甜面团
→P.165

奶酪塔
＊甜面团
→P.165

莓果佐大黄塔
＊脆皮面团
→P.170

- 肉桂粉
- 可可粉
- 马斯卡彭奶酪奶油馅
- 苦甜巧克力奶油馅
- 核桃
- 咖啡杏仁奶油馅
- 可可甜面团

在加了可可粉的甜面团里，倒入使用浓缩咖啡糊的杏仁奶油馅，咖啡味十足，再放上口感温和的核桃烘焙而成。上面放了马斯卡彭奶酪奶油馅，表现出提拉米苏的口感；中心则放入巧克力奶油馅，让整体味道的层次感更鲜明。奶味十足的马斯卡彭奶酪奶油馅，搭配添加咖啡而味道微苦的塔皮，酝酿出成熟风味。

塔皮

将甜面团擀得稍薄一点，厚度只有2mm，制造出纤细的口感。盐也多放了一点，做出甜中带咸的滋味。倒入咖啡杏仁奶油馅，再放上核桃后烘焙。

模具尺寸：直径7cm、高1.7cm

微苦的咖啡塔皮,
将内馅的奶味完全提引出来

马斯卡彭奶酪浓缩咖啡塔
443日元(约人民币26元)(含税)
供应期间 全年

材料与做法

马斯卡彭奶酪浓缩咖啡塔

可可甜面团

◆备用量

A ⎡ 低筋面粉（日本制粉"Affinage"）
　　　　　　　　　　　　　　　　2700g
　　低筋面粉（日本增田制粉所
　　"AMORE"）……………………300g
　　可可粉……………………………180g
　⎣ 发粉………………………………12g
无盐黄油（四叶乳业）……………1800g
糖粉（纯糖粉）……………………1200g
盐（冲绳盐SHIMAMA-SU）…………36g
全蛋………………………………540g
杏仁粉……………………………450g

1. 将A材料混合，过筛。
2. 让黄油回软至还保留一点冰凉感，放入搅拌盆，再放入糖粉和盐，用低速搅拌至滑润状态。
3. 全蛋回温至约18℃后打成蛋液，分5或6次放入2里，用低速搅拌，不要拌进空气。
4. 蛋全部放完后将杏仁粉倒入，用低速搅拌。
5. 将1全部放入，搅拌至快看不见粉状时停止。
6. 将5放至工作台上，用手掌由前往后像要用面团磨擦工作台那样，将整个面团揉匀。
7. 将6整理成形，用保鲜袋包起来，放在冰箱冷藏1晚。

咖啡杏仁奶油酱

◆备用量

无盐黄油（日本四叶乳业）…………900g
浓缩咖啡糊……………………………90g
细砂糖…………………………………900g
香草糖※………………………………1小匙
全蛋……………………………………780g
A ⎡ 杏仁粉……………………………900g
　　低筋面粉（星野物产"白金鹤"）
　　　　　　　　　　　　　　　　45g
　⎣ 咖啡粉（群马制粉）………………18g

※香草糖
将用过的香草豆荚干燥后用研磨机磨碎，与细砂糖等比例调和而成。

1. 黄油回温至22℃左右，和浓缩咖啡糊、细砂糖、香草糖一起放入搅拌盆中，用中低速搅拌。
2. 全蛋回温至24～29℃，分3或4次放入1中，搅拌至完全乳化。
3. 取出搅拌盆，将混合且过筛好的A放入2中，用手拌匀。

苦甜巧克力奶油馅

◆备用量

35%鲜奶油…………………………400g
牛奶…………………………………400g
即溶咖啡………………………………30g
细砂糖…………………………………110g
蛋黄……………………………………256g
吉利丁片………………………………6g
61%巧克力……………………………600g

1. 锅中放入鲜奶油和牛奶，加热至沸腾前熄火，放入即溶咖啡搅拌。
2. 钢盆中放入细砂糖和蛋黄，搅拌。
3. 将1放入2中，再倒回锅中，一边搅拌一边加热至82℃。
4. 熄火，将泡软的吉利丁片放入，使之融化。
5. 将4用滤网滤进融化的巧克力中，搅拌至完全乳化。
6. 放入冰箱冷藏1晚。
7. 挤花袋中放入13号的圆形挤花嘴，放入6，在玻璃纸上挤出直径3cm大的球状，放入冰箱冷冻，使之凝固。

马斯卡彭奶酪奶油馅

◆约10个份

47%鲜奶油………………………………58g
细砂糖……………………………………4g
马斯卡彭奶酪……………………………165g
卡仕达奶油馅＊…………………………221g

※卡仕达奶油馅
（备用量）
牛奶……………………………………1000mL
香草豆荚…………………………………1根
蛋黄……………………………………240g
细砂糖…………………………………270g
低筋面粉…………………………………90g
无盐黄油…………………………………30g

1. 锅中放入牛奶，再放入纵向切开后刮出的香草豆连同豆荚、半量的细砂糖，煮至沸腾前熄火。
2. 钢盆中放入蛋黄和剩余的细砂糖，用打蛋器打至泛白。
3. 将过筛后的低筋面粉放入2中，搅拌至看不见粉状。由于面粉容易起筋，要注意不要过度搅拌。
4. 将半量的1放入3中，搅拌，用锥形滤网滤回锅中。
5. 再次煮沸，煮至用打蛋器舀起来能顺畅流下来的状态。
6. 熄火，将黄油放入，搅拌至完全乳化。
7. 倒入方形平底盘中，使其快速变凉。
8. 放入冰箱冷藏1晚，使之熟成，使用前再次过滤。

1. 鲜奶油中放入细砂糖，打发至尖端挺立。
2. 将马斯卡彭奶酪放入，用橡皮刮刀搅拌。

3. 将搅散的卡仕达奶油馅放入，搅拌均匀。

铺塔皮与烘焙

◆备用量

核桃…………………………………1个塔6片
糖酒液
⎡ 糖浆（30°Bé）……………………200g
　水……………………………………160g
⎣ 白兰地酒……………………………60g

1. 用擀面棍将松弛1晚的可可甜面团打松，用压面机慢慢压成2mm的厚度，再用保鲜袋包起来，放入冰箱冷藏2或3小时。
2. 将1铺在撒上手粉（分量外）的工作台上，用直径10cm的塔圈切割塔皮。
3. 将2铺进直径7cm、高1.7cm的塔圈中，用手指将塔皮贴紧塔圈，然后放入冰箱冷藏一下。
4. 用刀子切掉3的塔圈上多余的塔皮，不要戳洞。
5. 挤花袋中放入13号的圆形挤花嘴，再放入咖啡杏仁奶油馅，挤进模具中至七八分满，再将烤过并磨成粗粒的核桃均匀地放上去。
6. 烤盘上铺一块有气孔的烤盘布，将5摆上去，以170℃的对流烤箱约烤16分钟。
7. 从烤箱拿出来，脱模后再次摆在烤盘上，继续烤5～6分钟。
8. 将糖酒液的材料混合均匀，用刷子大量地刷至烤好的7上面，放凉。

组合与完成

肉桂粉………………………………适量
可可粉………………………………适量
咖啡豆形状的巧克力………………1个塔1粒

1. 将一球苦甜巧克力奶油馅放入冷却的塔皮中间。
2. 挤花袋中放入8号星形挤花嘴，再放入马斯卡彭奶酪奶油馅，在1的上面挤出8朵玫瑰花。
3. 用滤茶网依序将肉桂粉和可可粉筛上去，最后装饰一颗咖啡豆形状的巧克力。

小焙蛋糕
Pâtisserie La cuisson

将黄油保持低温
直至烘烤之前

店里经常准备8种左右的塔，约占所有小糕点的1/3。而其中的经典款，同时也是开店以来的人气甜点，就是这个"马斯卡彭奶酪浓缩咖啡塔"了。

这款塔是在开发咖啡口味的塔时创作出来的。塔皮本身就能品尝到巧克力和咖啡风味，上面放入奶味十足的马斯卡彭奶酪奶油馅，奶油馅中间藏着一球苦甜巧克力奶油馅，就是要让顾客吃到提拉米苏的感觉。

塔有两种，一种是整体烘焙而成，一种是与生果子搭配。饭家主厨将这款塔定位在生果子的范畴内，因此"以上面的奶油馅为主，塔皮为辅。"

担任主角的马斯卡彭奶酪奶油馅，除了分量多之外，滑顺的口感更是魅力所在。因此，将甜面团擀成2mm厚的薄片，让口感纤细酥脆，衬托出马斯卡彭奶酪奶油馅的美味。而甜面团所用的低筋面粉中，放了一成左右的粗磨面粉，因此能吃出酥松的口感。

制作塔皮时，要特别注意"黄油要放至烘烤之前才拿出来。"从混合材料开始，用压面机压面团、用塔圈切割塔皮、铺塔皮等，每一道工序都要放入冰箱冷藏。黄油如果渗出表面，不但不好操作，使用手粉的次数也会变多，从而影响完成后的口感。

为避免黄油渗出表面，就要在准备材料时下点功夫。如果是夏天，黄油要在还有点冰冷状态时使用，冬天则是提前1小时从冰箱拿出来放软。蛋的温度是18℃。要将材料都调整至上述最佳状态后再进行混拌。

混拌的要点是不要拌进空气。如果空气进去，烤出来的塔皮容易破碎，因此要用低速搅拌，才能烤出有嚼劲的塔皮来。加入面粉后要注意不要过度搅拌，因为之后还要用手整理面团。

材料全部混合后，就将面团拿至大理石台上，用手掌像要用面团磨擦大理石般把材料揉进去。如果出筋太多，烤出来会变硬，因此要减少搓揉次数。不过，如果只是稍微混拌一下，烤出来的塔皮也容易破裂。总之，要将材料适当地拌匀，不让黄油渗出表面，将面团整理至不会黏手的程度。

这种面团的用途极广，通常会一次做很多然后冷冻起来，但这个时候必须先放入冰箱冷藏1晚。冷藏会让面粉充分吸收水分，达到"熟成"效果，做出来的面团才不会粉粉的。

烘焙后立刻刷上糖酒液，
避免塔皮干裂

放入对流烤箱，用热风将塔皮外侧烤得香喷喷，并让塔皮里面呈现湿润感。大约烤至八分熟时，让塔皮脱模，再放回对流烤箱让塔皮侧面直接对着热风烘烤，烤好后立刻刷上糖酒液。甜点一旦放入冷藏柜，多少都会变得干燥，因此要涂上大量糖酒液来补充水分。

组合的重点是，在马斯卡彭奶酪奶油馅里面，放入即溶咖啡和苦味巧克力做成的苦甜巧克力奶油馅，呈现出奶油馅的滋味对比。此外，马斯卡彭奶酪奶油馅要用星形挤花嘴挤出8朵玫瑰花，做出深受年轻人喜爱的提拉米苏口感，这样的外观非常古典，呈现出成熟韵味。

当蛋糕遇见咖啡
Relation
entre les gâteaux et le café

店东兼甜点主厨　　**野木 将司**

- 镜面酱
- 枫糖马斯卡彭奶酪奶油馅
- 糖煎香蕉
- 手指饼干
- 糖粉
- 脆片
- 琥珀巧克力甘那许
- 甜面团

这是一款以枫糖为主题的派塔，塔皮使用加了枫糖的甜面团。塔皮里倒入加了枫糖浆的甘那许，中间夹着海绵蛋糕，口感倍增。上面的半圆球是马斯卡彭奶酪奶油馅，是用枫糖浆煮成的英式奶油酱为基底做成的。圆球中间放入与枫糖极对味的糖煎香蕉，周围用枫糖做成的脆片装饰。

塔的千变万化

洋梨塔
＊甜面团
→P.159

栗子佐黑醋栗塔
＊甜面团
→P.164

咖啡塔
＊甜面团
→P.164

塔皮

用枫糖、杏仁粉、香草粉做成的甜面团。使用100%高筋面粉，以萨布蕾手法做成。空烧后倒入甘那许。

模具尺寸：直径8cm、高1.6cm

高筋面粉&萨布蕾，
创造出酥脆的口感

艾克斯克莱儿

500日元（约人民币29元）（不含税）
供应期间　全年

材料与做法

艾克斯克莱儿

甜面团

◆直径8cm、高1.6cm的塔圈 约43个份

无盐黄油（森永乳业）	450g
高筋面粉（日清製粉"CAMELLIA"）	750g
全蛋	180g
枫糖	285g
杏仁粉	90g
香草粉※	0.75g
盐	3g

※香草粉
将用过的香草豆荚干燥后用研磨机磨成的粉状。

1. 黄油切成1.5cm小丁状，放在冰箱冷藏至使用前才拿出来。高筋面粉和全蛋也放入冰箱冷藏。
2. 将黄油、高筋面粉、枫糖、杏仁粉、香草粉和盐放入搅拌盆，用低速慢慢搅拌。
3. 当高筋面粉泛黄、黄油看不见颗粒后，将打散的全蛋细细地淋下去，同时以低速搅拌。
4. 面团成形后从搅拌盆中拿出来，整理成扁平的四方形，用保鲜袋包起来，放入冰箱冷藏1晚。

琥珀巧克力甘那许

◆完成量690g

35%鲜奶油（森永乳业）	240g
琥珀级枫糖浆	102g
40%牛奶巧克力（法芙娜公司"JIVARA LACTéE"）	330g
无盐黄油（森永乳业）	18g

1. 锅中放入鲜奶油和枫糖浆，煮沸。
2. 将1倒入放了巧克力的钢盆里，搅拌至完全乳化。
3. 将黄油放入2中，再次拌匀。

手指饼干

◆60cm×40cm的烤盘 1盘份

A	蛋白	190g
	干燥蛋白粉	3g
	细砂糖	115g
B	蛋黄	105g
	转化糖浆	12g
C	低筋面粉	65g
	玉米粉	65g

糖酒液
枫糖浆	100g
糖浆（30°Bé）	25g
水	62.5g

1. 将A放入搅拌盆中，打至发泡，做成偏硬的蛋白霜。
2. 用打蛋器搅拌B，再放入1中混合。
3. 将过筛好的C放入2中，用橡皮刮刀拌匀。
4. 将3倒入烤盘中，用200℃的对流烤箱烤7分钟左右。
5. 混合糖酒液的材料。
6. 将4用直径5cm的圆形模割出来，浸泡在5中，然后沥掉多余的糖酒液。
7. 放入冰箱冷藏15分钟左右。

糖煎香蕉

◆完成量215g

香蕉	150g
柠檬汁	10g
无盐黄油（森永乳业）	5g
琥珀级枫糖浆	20g
百香果籽	30g

1. 香蕉切成5mm的小丁状，与柠檬汁混合。
2. 锅中放入黄油和枫糖浆，用小火加热至黄油融化后将1放入，嫩煎。
3. 待香蕉的水分干了后熄火，放入百香果籽拌匀。
4. 倒入方形平底盘，放凉后放入没装挤花嘴的挤花袋中，挤进直径4cm的圆形硅胶模具中，每个挤10g。
5. 放入冰箱冷冻。

枫糖马斯卡彭奶酪奶油馅

◆完成量639.1g

中级枫糖浆	162g
35%鲜奶油（森永乳业）	175g
蛋黄	50g
吉利丁粉	2.1g
马斯卡彭奶酪	250g

1. 锅中放枫糖浆，煮至原来的75%左右。
2. 放入鲜奶油和蛋黄，用小火加热至83℃，煮成英式奶油酱。
3. 拿离火源，将泡水的吉利丁放入，过滤后放入冰箱冷藏。
4. 将马斯卡彭奶酪和3放入搅拌盆中，用打蛋器打至硬性发泡。
5. 将4装进没有挤花嘴的挤花袋中，挤进直径5cm、高2.5cm的半圆球形模具中，约挤五分满，再将冷冻的糖煎香蕉放在中央。
6. 将4挤至模具的高度，用奶油刀抹平。
7. 放入冰箱冷冻。

脆片

◆完成量402.2g

发酵黄油	100g
枫糖（颗粒）	100g
高筋面粉（日清制粉"CAMELLIA"）	100g
杏仁粉	100g
盐	2g
小豆蔻粉	0.2g

1. 将材料全部放入搅拌盆中，用电动搅拌器打至呈小碎粒状。
2. 将1放进烤盘，用160℃的对流烤箱烤8分钟。

镜面酱

◆备用量

细砂糖	414g
35%鲜奶油	345g
玉米粉	27g
吉利丁粉	8.2g
水	41g

1. 锅中放入细砂糖，煮成焦糖。
2. 将部分鲜奶油放入玉米粉中，拌匀。
3. 待1上色后加入鲜奶油，熄火，加入2，拌匀。
4. 再次煮沸3，拿离火源，将泡水的吉利丁放入，搅拌。
5. 将4过滤后放入冰箱冷藏。

铺塔皮与完成

1. 将压面机设成2mm的厚度，然后将松弛好的面团放入慢慢压平。
2. 大理石台上撒点高筋面粉（分量外），放上1的面团，用直径13cm的塔圈切割塔皮，放在冰箱冷藏2小时左右。
3. 将2放在直径8cm、高1.6cm的塔圈上，一边转动模具一边铺进去。用手指按压塔皮，使其与模具边角贴合。
4. 用水果刀切除模具上面多余的塔皮。为了不让塔皮低于塔圈的高度，要将水果刀对着塔圈切。
5. 将4放入铺好烤盘垫的烤盘上，放入冰箱冷藏2小时。
6. 将5放入160℃的对流烤箱中，约烤20分钟，过程中要将烤盘的方向前后对调。
7. 稍微散热后脱模，放凉。

组合与完成

| 装饰用白巧克力 | 适量 |
| 糖粉（装饰粉） | 适量 |

1. 在空烧好的甜面团里，薄薄地倒入一层琥珀巧克力甘那许，再在中央放上冰凉的手指饼干，再次倒入琥珀巧克力甘那许，倒满后放入冰箱冷藏，使之凝固。
2. 将冰冻好的枫糖马斯卡彭奶酪奶油馅脱模，用水果刀刺进底部，让圆球部分蘸上镜面酱。
3. 将2放在1的中间，周围装饰脆片，再放上装饰用白巧克力，脆片上撒上糖粉。

Relation entre les gâteaux et le café

当蛋糕遇见咖啡

即使放了甘那许，
也要做出口感有余韵的塔皮

野木将司主厨的得意之作"艾克斯克莱儿"，是2009年枫甜点大赛的入选作品。它是以矿物质丰富的调味料"枫糖"为主题，在各个部位使用枫糖浆或枫糖的一款派塔。不但外形独特，而且使用直径8cm的塔模，沉甸甸的存在感引人注目。

塔皮使用甜面团，野木主厨的目标就是要做出口感酥脆的塔皮来。

"将甜面团空烧成塔皮时，就算里面放入了含有水分的蛋奶酱或甘那许，我也要把塔皮做得很有嚼劲。"野木主厨说。

面团的做法采用萨布蕾手法。传统都是将砂糖放入黄油中做成的，但野木主厨在"Pierre Hermé"工作时，学到萨布蕾这种能让口感更酥脆的手法，就把它应用在这款甜点上了。

第一个重点在于先将黄油细切成1.5cm的小丁状，然后放入冰箱冷藏，直至要用之前才拿出来，这样在烘烤之前即使黄油软化了，也不会失去酥脆的口感。

第二个重点是面粉要用高筋面粉，这样，空烧好的塔皮即使吸收了甘那许的水分，也不会变得湿黏。高筋面粉和黄油一样，直至使用之前都必须一直放在冰箱冷藏，这点非常重要。

萨布蕾要用到电动搅拌器。重点在于除了蛋以外，所有材料都要放入搅拌盆里，用低速慢慢搅拌。"要让面粉的细小颗粒表面都裹上一层黄油的油膜。"野木主厨说。需要特意说明的一点是，这个甜面团的砂糖用的是枫糖，甜味更高级。

当面粉均匀裹上黄油，颜色泛黄后，将蛋液细细地一边倒入一边搅拌，待面粉变成团状后停止。

以塔皮为主，
与它的存在感取得平衡

这家店目前提供4种塔，塔皮全部使用甜面团。虽然只有这款塔使用了枫糖，但其他配方和制作方法都一样。

塔皮是塔的主角，决定主角后再去思考整体的平衡，然后搭配够分量的组合。

"艾克斯克莱儿"是在空烧好的塔皮中放入夹了饼干的甘那许，再放上马斯卡彭奶酪奶油馅，奶油馅中间有糖煎香蕉，最后装饰口感与塔迥异的脆片来增加分量。

设计这款塔时绝对不能忽略的就是"枫糖"。枫糖的风味独特，而且甜度极高，必须顾及整体平衡，不能让甜味太过突出，因此必须使用有口感的塔皮和脆片，并搭配柔顺的马斯卡彭奶酪奶油馅，让整体取得平衡。

这里的马斯卡彭奶酪奶油馅，它的质地介于慕丝和奶油馅之间，是用英式奶油酱为基底，再利用马斯卡彭奶酪创造出浓稠滑顺的口感。而奶油馅中间放入与枫糖极对味的糖煎香蕉也是一大亮点，为了避免过甜而加入百香果籽来增加酸味，吃后会有清爽的感觉。

参加比赛时，这款塔最后是喷上白巧克力喷雾，但现在改成了镜面酱，放在甜点展示柜里，美丽的光泽闪闪动人。

小岛甜品
PÂTISSIER SHIMA

经理兼主厨　　岛田 彻

塔的千变万化

草莓塔
＊甜面团
→P.157

狩猎旅行
＊甜面团
→P.159

黄香李塔
＊甜面团
→P.161

紫香李塔
＊甜面团
→P.161

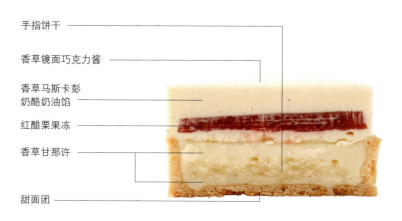

- 手指饼干
- 香草镜面巧克力酱
- 香草马斯卡彭奶酪奶油馅
- 红醋栗果冻
- 香草甘那许
- 甜面团

在甜面团里加入香草甘那许,能够充分品尝到马达加斯加产的波旁香草的优雅香气,而且中间还藏着内含大量香草糖浆的手指饼干。放在塔皮上的香草马斯卡彭奶酪奶油馅,融合了香草芬芳十足的英式奶油酱和美味的马斯卡彭奶酪。中间的红醋栗果冻,它的酸味更衬托出香草的高雅风味。

塔皮
采用能与中间的馅料取得平衡的厚度3mm甜面团。太厚会过硬、太薄则味道不足,而3mm的口感正好,可以品尝出塔皮的美味。

模具尺寸:直径6.5cm、高1.7cm

圆融地包裹起红色果实的酸味,
香草余韵怡人

马达加斯加香草塔

540日元(约人民币31元)(含税)
供应期间 全年

材料与做法

马达加斯加香草塔

甜面团

◆直径6.5cm、高1.7cm的空心模 8个份

无盐黄油（日本四叶乳业"北海道黄油"）	150g
香草油	适量
糖粉	75g
全蛋	1个
低筋面粉（日清制粉"VIOLET"）	300g
发粉	2.5g

1. 搅拌盆里放入呈发蜡状的黄油，加入香草油，用奶油刀搅拌。加入糖粉，用低速搅拌，不要搅进空气。
2. 分次放入打散的蛋，搅拌。
3. 放入过筛混合好的低筋面粉和发粉，搅拌至看不见粉状。
4. 用刮板将面团整形。
5. 用保鲜袋包起来，放入冰箱冷藏1天。

手指饼干

◆30cm×20cm的烤盘 1盘份

全蛋	4个
干燥蛋白粉	6g
细砂糖	95g
低筋面粉（日清制粉"VIOLET"）	100g
糖粉	适量

1. 将蛋的蛋黄与蛋白分开。将干燥蛋白粉和细砂糖放入蛋白里，打成尖角挺立的蛋白霜。
2. 打散的蛋黄放入蛋白霜里，用橡皮刮刀拌至呈现大理石花纹时，放入过筛好的低筋面粉，用橡皮刮刀拌匀。
3. 烤盘铺上烤盘垫，用8号圆形挤花嘴斜挤出2，轻轻撒上两次糖粉，然后放入200℃的烤箱中烤7分钟。待稍微散热后用直径4cm的模具割出来。

香草糖浆

◆8个份

矿泉水	50g
A 香草豆荚（马达加斯加产）	1/8根
香草油	适量
细砂糖	25g
黑莱姆酒（NEGRITA）	3g

1. 矿泉水煮沸后将A放入。放凉后，加入冰冷的莱姆酒。

红醋栗果冻

◆直径4.5cm的圆形烤模 10个份

红醋栗果泥（SICOLY社）	75g
覆盆子果泥（BOIRON社）	75g
矿泉水	50g
细砂糖	50g
吉利丁片	6g

1. 混合红醋栗果泥和覆盆子果泥。
2. 矿泉水煮沸，放入细砂糖，熄火。放入泡软的吉利丁，搅拌均匀。
3. 将2放入1中，拌匀，倒入烤模里，每个倒20g，放入冰箱冷冻，使之凝固。

香草甘那许

◆10个份

35%鲜奶油（日本高梨乳业"Crème Fleurette日本北海道根钏35"）	225g
香草豆荚（马达加斯加产）	1/4根
白巧克力（日本VALRHONA社"IVOIRE"）	250g

1. 鲜奶油中放入从香草豆荚刮出的香草豆连同豆荚，一起煮沸。
2. 钢盆中放入白巧克力，将1过滤进去，搅拌至完全乳化。

香草马斯卡彭奶酪奶油馅

◆10个份

香草英式奶油酱*	300g
马斯卡彭奶酪（日本高梨乳业）	200g

*香草英式奶油酱（10个份）

35%鲜奶油（日本高梨乳业"Crème Fleurette日本北海道根钏35"）	250g
香草豆荚（马达加斯加产）	1/2根
细砂糖	65g
蛋黄	50g
吉利丁片	4g

1. 鲜奶油中放入从香草豆荚刮出的香草豆连同豆荚，以及配方中的一小部分细砂糖，一起煮沸。
2. 将1剩余的细砂糖和蛋黄混合，用打蛋器拌匀。
3. 将1放入2中，拌匀，再倒回1的锅中，加热至82～84℃，熄火。
4. 泡好的吉利丁沥掉水分后放入3里，拌匀。
5. 将4过滤至方形平底盘中，浸在冰水中冷却，然后表面用保鲜膜密封，放在冰箱冷藏1天。

1. 混合香草英式奶油酱和马斯卡彭奶酪，用打蛋器打至发泡。

香草镜面巧克力酱

◆8个份

35%鲜奶油（日本高梨乳业"Crème Fleurette日本北海道根钏35"）	100g
A 镜面酱（日本Marguerite社）	90g
水饴	3g
糖浆（30°Bé）	10g
香草豆荚（马达加斯加产）	1/8根
白巧克力	100g
太白粉	少量

1. 鲜奶油中放入A和从香草豆荚刮出的香草豆连同豆荚，一起煮沸。
2. 将1过滤至放了白巧克力的钢盆中，用手持电动搅拌棒搅拌至完全乳化，放入太白粉。

铺塔皮与烘焙

1. 将松弛1天的甜面团放入压面机压成3mm的厚度，用直径9.8cm的模具切割塔皮。
2. 将塔皮铺进直径6.5cm、高1.7cm的空心模中，放入冰箱冷冻至塔皮变冷。
3. 放入170℃的烤箱烤20分钟，稍微放凉。

组合与完成

◆1个份

整颗覆盆子（冷冻）	1个

1. 将香草甘那许挤进塔皮，约挤至1/3高。
2. 将手指饼干浸在香草糖浆里，待其吸饱糖浆后放在1上面。
3. 将香草甘那许挤至与塔皮同高，放入冰箱冷冻，使之凝固。
4. 烤盘垫上放直径6cm、高1.7cm的空心模，挤进香草马斯卡彭奶酪奶油馅，挤至1/3高。
5. 中间放入红醋栗果冻，再挤进香草马斯卡彭奶酪奶油馅，挤至与烤模同高。放入冰箱冷冻，使之凝固。
6. 将5从模具中取出来，放在网子上，均匀地淋上香草镜面巧克力酱。用奶油刀抹平，将多余的镜面巧克力酱清除干净。
7. 将6放在3上面，再放上一颗覆盆子。

小岛甜品
PÂTISSIER SHIMA

将香草巧妙应用
在塔的每个部位

位于日本东京曲町的"PÂTISSIER SHIMA",是在日本将传统法式甜点发扬光大的权威主厨之一岛田进的甜点坊。在这里成为进主厨的得力助手而指挥全场的人,就是他的儿子彻主厨。

彻主厨在日本东京青山的"A. Lecomte"学习制作甜点的基本功,之后于2004年赴法国,在巴黎名店"Laurent Duchêne"工作,而这家店是荣获过法国国家最优秀职人大奖的杜申所开设的。之后又在皮埃尔·艾尔梅开设的"PIERRE HERMé PARIS"本店工作3年半。彻主厨一直很尊敬艾尔梅主厨,深受其影响。

"艾尔梅遵从法式甜点的基本原则,同时又有个人独特的表现,这种两者得兼的艺术性,以及创作出不败的经典甜点"Ispahan",都让我由衷地敬佩。"

这款"马达加斯加香草塔"的灵感是从艾尔梅主厨的"香草塔"得来的。彻主厨说:"我买到了马达加斯加产的波旁香草,品质极优。大溪地产的香草具有男子汉的雄壮香气,而马达加斯加香草的香气是女性的、高雅的、纤细的。"因此,他把马达加斯加香草巧妙地应用在塔的各个部位上。

甜面团的黄油采用风味绝佳的日本四叶乳业的北海道黄油,还在面团里加入适量的香草油,即使烘烤后香气也不易跑掉,风味更棒。

选择与马达加斯加香草
极对味的鲜奶油

倒入空烧好的甜面团里的香草甘那许,是将香草放入鲜奶油中煮沸,再倒入白巧克力里乳化而成。只要完全乳化,就能做出滑顺且入口即化的甘那许了。

彻主厨所使用的鲜奶油是一种叫做"Fleurette"的类型,在法国极为普遍。它的脂肪球大小均一,因此容易发泡且不易崩塌,而且由于乳化稳定,不但容易与巧克力混合,混合后的乳化状况也很漂亮。彻主厨在法国工作时知道这种"Fleurette"鲜奶油,目前都是使用日本高梨乳业的这种产品。

"我会选择这种鲜奶油,不仅因为它是'Fleurette',主要是因为它的味道非常棒。它是使用放牧在日本北海道的根钏地区,只吃牧草的牛所挤出来的牛奶,所以味道特别不一样。"彻主厨对根钏地区的牛奶赞叹不已。

塔皮里不仅放了香草甘那许,中间还夹了一个吸饱香草糖浆的手指饼干。糖浆里不仅有香草,还加了莱姆酒来提升香气,本店还会配合季节和果冻种类,改用樱桃白兰地等其他口味的利口酒。至于手指饼干,如果要直接吃,通常是将打发蛋黄与蛋白霜混合,做得滑顺一点,但这里的手指饼干由于要浸在糖浆里,面团必须要有点硬度,因此不打发蛋黄,而用橡皮刮刀与蛋白霜混拌。

将带有香草芬芳的英式奶油酱与马斯卡彭奶酪混合,做成香草马斯卡彭奶酪奶油馅后放入塔皮里。这个马斯卡彭奶酪也是日本高梨乳业的产品,也就是用根钏地区的牛奶做成的,味道极为高雅,和马达加斯加香草的纤细形成绝配。

中间放入了彻主厨所喜爱的红醋栗加覆盆子做成的果冻,但是百香果与芒果、黑醋栗与紫罗兰利口酒、巧克力与栗子等和糖浆一样,都会随季节改变果冻种类来引出香草的魅力,让顾客大饱口福。

玫瑰之恋
Passion de Rose

店东兼甜点主厨　田中 贵士

- 黑醋栗果实
- 糖粉
- 栗子奶油馅
- 蛋白霜
- 香堤鲜奶油
- 黑醋栗果酱
- 甜面团

田中贵士主厨在法国邂逅一种颠覆目前派塔感觉的塔，然后用自己独特的技术将之改良成这款"栗子黑醋栗塔"。在甜面团里薄涂一层黑醋栗果酱，挤入香堤鲜奶油，放上蛋白霜，再挤入栗子奶油馅。栗子奶油馅中加入了起瓦士威士忌，能提出栗子的香气。清爽怡人，令人品尝到前所未有的新鲜感。

塔的千变万化

柠檬塔
＊甜面团
→P.158

无花果塔
＊甜面团
→P.160

什锦果仁塔
＊甜面团
→P.166

洋梨塔
＊千层酥皮面团
→P.175

塔皮
厚度2mm的甜面团。烘烤得宜，将杏仁粉的美味充分展现出来。主厨认为塔皮有点湿润也很好吃，因此不涂抹蛋液。

模具尺寸：直径8cm、高1.5cm

用香堤鲜奶油和蛋白霜
轻松带出栗子的深邃风味

栗子黑醋栗塔

540日元（约人民币31元）（含税）
供应期间 9月

材料与做法

栗子黑醋栗塔

甜面团

◆直径8cm、高1.5cm的塔圈 7个份

发酵黄油（明治乳业）	75g
A 糖粉	48g
杏仁粉	15g
香草粉	0.5g
盐	0.5g
全蛋	30g
低筋面粉（日清制粉"VIOLET"）	125g

1. 搅拌盆里放入冰冷的黄油（约5℃）和预先过筛混拌好的A，用电动搅拌器1速搅拌10～20秒。
2. 将全蛋全部放入，用电动搅拌器搅拌。这个时候没有融合也没关系。
3. 放入预先过筛好的低筋面粉，观察搅拌情形，适时以2速或3速拌匀。
4. 待全部形成一个面团后取出，用保鲜袋包起来，放入冰箱冷藏至变硬。

黑醋栗果酱

◆7个份

细砂糖	15g
果胶NH	1g
黑醋栗果泥	50g

1. 将细砂糖和果胶NH搅拌均匀。
2. 锅中放入黑醋栗果泥和1，煮沸。

香堤鲜奶油

◆7个份

42%鲜奶油	200g
糖粉	16g

1. 将糖粉放入鲜奶油中，打发至即将变干。

蛋白霜

◆7个份

蛋白	80g
细砂糖	80g
糖粉	80g

1. 将细砂糖放入蛋白中，打发至尖角挺立。
2. 将糖粉放入，搅拌均匀。
3. 用圆形挤花嘴将2挤在烤盘上，挤出直径5.5cm的半球形，放入80℃的烤箱烘烤3小时。

栗子奶油馅

◆7个份

A 栗子糊（日本Sabaton社）	200g
栗子黄油（日本Sabaton社）	100g
栗子果泥（日本Sabaton社）	100g
起瓦士威士忌	7g

1. 搅拌盆中放入A，用电动搅拌器搅拌均匀。
2. 搅拌至滑顺状态后放入起瓦士威士忌来增添风味，然后过滤。

铺塔皮与烘焙

1. 甜面团冰至变硬后用压面机压成2mm的厚度，用直径11cm的塔圈切割塔皮。
2. 烤盘铺上烤盘垫，放上直径8cm、高1.5cm的塔圈，将1紧密地铺进去，此时不要沾上手粉。
3. 将烘焙纸铺在塔皮上，用生米当成塔石放入，均匀地铺平。放入上下火皆为170℃的烤箱中烤15～20分钟，拿掉烘焙纸和米，稍微散热。

组合与完成

◆7个份

防潮糖粉	适量
黑醋栗的果实（冷冻）	21颗

1. 在空烧好的塔皮内侧均匀地薄涂一层黑醋栗果酱。
2. 用圆形挤花嘴将香堤鲜奶油挤满1，再放上蛋白霜。
3. 用蒙布朗挤花嘴将栗子奶油馅挤上去，撒上防潮糖粉，然后每个塔放上3颗黑醋栗。

Passion de Rose

对塔的清爽
新风味眼前一亮

田中贵士主厨在日本的"Taillevent Robuchon（现为Joel Robuchon）"和"BENOIT"修业后远赴法国。2006年起成为刚开业不久的"Des Gateaux et du Pain"的一员。这家店是巴黎街头每天大排长龙且颇受好评的甜点坊之一，店东兼主厨是克莱尔·戴蒙。当初就只有戴蒙主厨和田中主厨两人支撑大局。

"每天做100个泡芙、100个泡芙塔，还有其他10种蛋糕大概50个，中午过后就卖光了，真的好可怕！我当时想，这就是法国人啊！"田中主厨表示，他就是在这里邂逅了"栗子黑醋栗塔"，惊讶于世界上竟有这么清爽好吃的派塔而感动不已。

塔皮里不放杏仁奶油馅或克拉芙缇风的蛋奶酱之类，而是将塔皮空烧好后涂上极薄的一层黑醋栗果酱而已，然后挤上香堤鲜奶油。为了增添不同的口感，放入了法式蛋白霜，周围再挤上栗子奶油馅。田中主厨曾问过戴蒙主厨为何是栗子搭配黑醋栗，得到的回答是："这是理所当然的啊！同样时令的水果当然搭啊！"

的确如此，虽然仅有少量的黑醋栗，但它的酸味不但不会被栗子盖掉，反而发挥了为栗子提味的效果。

甜面团的黄油
不要回软成发蜡状

在数家名店钻研过的田中主厨学到了很多本领，他还从每天的工作中独创出很多技术。

首先，不将甜面团的黄油回软成发蜡状。因为黄油放软后即使再冰起来也无法恢复原来的状态，面团就会变软。

让黄油在温度约5℃的状态下用电动搅拌器搅成均匀的硬度，然后加入糖粉、杏仁粉、香草粉和盐，这是田中主厨独创的方法，这样即使把塔皮铺进塔模后也不容易变软，塔皮的延展性佳，就更方便操作了。

其次是加入蛋搅拌，这里的方法也很特别，就是不必把蛋拌匀。这是因为如果使其完全乳化，面团会发泡，就会比理想中的面团轻。

最后放入低筋面粉，这时候再拌匀就行了。

塔皮的厚度是2mm。据说这样的厚度能品尝出塔皮的滋味，口感也是田中主厨最喜欢的。用模具切割塔皮后将塔圈放在烤盘垫上，然后将塔皮铺进去，塔皮内侧铺上纸，再放上塔石。用米当成塔石也是田中主厨的独门招术。

"由于是入口的，无论如何都是安全第一，如果使用塔石，不可能保证塔石100%不会留在塔皮上。如果用米就比较安心。"这就是以米取代塔石的理由。排除制作过程的危险性，流程就能快速进行，而且米粒比塔石和红豆都小，能够放至模具底部的边角里，而且重量均等，这些都是使用米粒的优势。顺带一提，据说法国的艾伦·杜卡斯主厨是用极细的"古斯古斯"来当塔石。

"不要蛋的味道""塔皮有点湿润也很好吃"，因此烤好后不涂抹蛋液，而在内侧底部薄涂一层黑醋栗果酱，再挤上香堤鲜奶油。

放在上面的蛋白霜是将蛋白和细砂糖打至发泡，然后放入糖粉快速拌匀而使口感清爽。

栗子奶油馅是混合了栗子糊、栗子奶油和栗子果泥，让栗子的味道充分展现出来，再加点起瓦士威士忌让栗子味道稍微不同且更有魅力。食用后齿颊留香，令人印象深刻。

白色石头
Chocolatier
La Pierre Blanche

店东兼巧克力师傅　　白岩　忠志

塔的千变万化

蓝莓塔
＊咸面团
→P.170

大黄塔
＊咸面团
→P.170

樱桃塔
＊咸面团
→P.171

樱桃克拉芙缇
＊咸面团
→P.171

黄香李塔
＊咸面团
→P.172

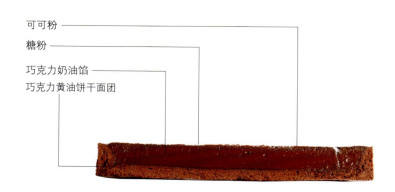

可可粉
糖粉
巧克力奶油馅
巧克力黄油饼干面团

甘那许般滑顺的巧克力奶油馅，搭配可可色的塔皮一起在口中变软，慢慢融化开来。这款"塔拉干塔"是白岩忠志主厨邂逅了西班牙CHOCOVIC公司的苦味巧克力"塔拉干"（Tarakan）后所设计出来的作品，特色在于能够直接品尝到巧克力的整体感，风味独特。

塔皮

为了呈现出与巧克力一起入口即化的整体感，选择加了可可粉的黄油饼干面团，口感膨松，香气十足。

模具尺寸：直径16cm、高2cm

酒心巧克力般
在口中绵绵化开，风味浓醇

塔拉干塔

1个1300日元（约人民币75元）（含税）／
1片260日元（约人民币15元）（含税）
供应期间　全年

材料与做法

 ## 塔拉干塔

巧克力黄油饼干面团

◆直径16cm、高2cm的塔圈 5个份

发酵黄油（日本四叶乳业）····480g
纯糖粉·····················180g
全蛋························3个
盐························适量
低筋面粉（日清制粉"VIOLET"）
··························600g
自家制杏仁粉（西班牙Marcona种杏仁）·····················100g
可可粉·····················100g

1. 黄油中放入糖粉，用打蛋器搅软，再将打散的全蛋和盐放入，用橡皮刮刀或刮板搅拌。
2. 放入过筛好的低筋面粉、杏仁粉和可可粉后搅拌。将面团整理成形，用保鲜袋包起来，放入冰箱冷藏3小时以上。

巧克力奶油馅

◆5个份

35%鲜奶油·················180g
牛奶······················280g
细砂糖（微粒）·············100g
转化糖浆···················120g
盐··························2g
75%巧克力（CHOCOVIC公司"Tarakan"）················500g
无盐黄油（日本四叶乳业）·····80g
蛋黄························8个

1. 混合鲜奶油和牛奶，再将细砂糖、转化糖浆和盐放入，煮沸。
2. 将巧克力放入1，用橡皮刮刀搅拌至完全乳化，但不要拌进空气。
3. 将黄油和打散的蛋黄放入，搅拌至完全乳化。

铺塔皮与烘焙

1. 将巧克力黄油饼干面团分割成5份，用擀面棍擀成2mm的厚度，再迅速铺进直径16cm、高2cm的塔圈里。
2. 放入上下火皆为180℃的烤箱中烤12~13分钟。

组合与完成

可可粉·····················适量
装饰用糖粉·················适量

1. 空烧好的塔皮里倒入放凉至20℃左右的巧克力奶油馅，倒至接近满溢状态，用橡皮刮刀整理表面。
2. 放入180℃的烤箱中约烤15分钟。放凉后撒上可可粉和糖粉。

白色石头
Chocolatier La Pierre Blanche

创造出塔皮与
内馅的整体感

以充满个性的巧克力而闻名的西班牙CHOCOVIC公司出品的"塔拉干",是白岩志忠主厨本身非常偏爱的巧克力。这里介绍的"塔拉干塔"就是用这款巧克力制作而成,且自2005年在日本神户设立"La Pierre Blanche"以来,配方从未改变。

"可可成分75%,坚硬,而且有果味。"白岩主厨表示,以稀有的马达加斯加产的克里奥罗种(Criollo)可可豆为基底,再加上柠檬草、香菜等东方香草而有果香,是"塔拉干"的魅力所在。该店还销售巧克力片供直接品尝。

正因为如此,为了不影响巧克力奶油馅的美味,塔皮的味道就要与之融合为一体。也就是说,塔皮的功能就是为了搭配巧克力奶油馅,巧克力奶油馅在口中融化后,塔皮的味道不能停留太久。

因此,在膨松的黄油饼干面团里加入可可粉,外观就有整体感了,而且塔皮的厚度非常薄,只有约2mm,口感纤细,仿佛用来裹甘那许的巧克力一样。而且巧克力奶油馅中的粉类很少,黏稠滑润感一如甘那许。组合极为简单,滋味如同酒心巧克力般。

为了烤出理想中的塔皮,首先必须不让塔皮受到伤害。70年代中期即远赴法国,跟在法国甜点主厨身边工作多年的白岩主厨,擀面团的功夫自然一流。虽然是将一块面团擀成一个塔皮,但直径16cm的塔皮就必须具备光靠滚动擀面棍就能均匀擀出2mm薄塔皮的高超技术,也就是不能将塔皮翻面,也不能转动塔皮。这门功夫全凭常年经验的累积才能掌握诀窍。由于机器会给塔皮造成负担,因此店内并没有压面机。

早上擀好塔皮后就铺进塔模中烘烤,并不冷冻保存,原因是"砂糖量较多的甜面团具有抗冷冻性,但砂糖量比甜面团少的黄油饼干面团,尤其是不放砂糖的咸面团、千层酥皮面团、脆皮面团,就没有抗冷冻性。"

此外,同样不使用塔石,空烧甜面团也一样。一来塔石会压坏塔皮,二来为了不让塔皮变硬。

为了不让塔皮变味,也不涂抹蛋黄来防潮。镜面果胶也会让味道改变,因此最近也停止使用了。

正因为简单,就更要求优质且新鲜的风味。杏仁粉是自家制作的,采用Marcona种杏仁研磨而成。而加了这种杏仁粉的杏仁奶油馅也不冷冻保存,因为混合时出来的油脂,一旦解冻就会损及风味。"塔可不是这么好骗的。"白岩主厨表示,身为甜点职人,该花的功夫一点都不能打折扣。

不要做得太复杂
也是美味的关键

白岩主厨建议派塔不要做得太复杂。因为烤出不受到伤害的塔皮,才能产生最棒的滋味。没有防潮的巧克力塔皮放久了多少会吸收水分和油分,但这样的膨松口感和奶油馅正是绝配。白岩主厨连时间所产生出来的美味都注意到了。

在日本神户的"Alain CHAPEL"遇见亚伦·夏裴名厨后,白岩主厨就更懂得去了解材料并加以运用了。不仅是前述的杏仁粉,他还自制水果的果泥、果仁糖和杏仁膏,也使用新鲜的香草、香料来制作渍物,还不断精进掌握可可豆里各种类似水果、香草和坚果类芳香的能力。一个天然且简单的塔,其美味是需要众多功夫来成就的。

乐心甜品
Agréable

店东兼甜点主厨　　加藤　晃生

塔的千变万化

冬季（hîver）
＊巧克力黄油饼干面团
→P.168

柳橙塔
＊黄油饼干面团
→P.168

摩卡塔
＊黄油饼干面团
→P.169

蜜鲁立顿塔
＊黄油饼干面团
→P.169

反烤苹果塔
＊咸面团
→P.171

巧克力蕾丝
镜面巧克力酱
巧克力香堤鲜奶油
甘那许奶油馅
焦糖酱
玛萨拉酒渍
无花果干的果糊
巧克力黄油饼干面团

使用香气袭人的玛萨拉酒。将浸泡在玛萨拉酒里的无花果干的果糊、焦糖，以及用玛萨拉酒增加香气的甘那许倒满整个塔皮。另外将甘那许倒入别的模具中凝固后放在塔皮上，再挤上巧克力香堤鲜奶油，最后淋上镜面巧克力酱。香气馥郁、口感圆润，是一款专为大人设计的巧克力塔。

塔皮
使用最重视法式甜点基本功的巧克力黄油饼干面团。特色在于烘烤后风味十足且有酥松的口感。为了不妨碍主角甘那许，将厚度压成2mm。

模具尺寸：直径6.5cm、高1.5cm

玛萨拉酒香气四溢的
大人风巧克力塔

巧克力玛萨拉酒塔

480日元（约人民币28元）（含税）
供应期间 10月~2月中旬

材料与做法

巧克力玛萨拉酒塔

巧克力黄油饼干面团

◆备用量

无盐黄油（日本高梨乳业"日本北海道黄油"）……600g
盐……10g
纯糖粉……375g
杏仁粉……125g
全蛋……200g
A [低筋面粉……900g
    可可粉……50g]

1. 搅拌盆中放入黄油、盐、糖粉和杏仁粉，用低速搅拌。
2. 全蛋分2或3次放入，搅拌。
3. 将预先过筛好的A放入2中。搅拌之前先拿出搅拌盆，用刮板将黏在盆子上的面团刮下来混在一起。
4. 轻轻搅拌至看不见粉状。将面团整理成形，放入冰箱冷藏1天。

焦糖酱

◆备用量

水……200g
细砂糖……500g
水饴……350g
38%鲜奶油……1000g
吉利丁片……20g

1. 将水、细砂糖和水饴放入锅中，加热。
2. 将鲜奶油放入另一个锅中，煮沸。
3. 待1煮焦后将2放入，充分搅拌，熄火。
4. 将泡软的吉利丁放入3中，用锥形滤网过滤。

甘那许奶油馅

◆备用量（1个约使用70g）

38%鲜奶油……675g
水饴……90g
转化糖浆……50g
55%巧克力……900g
无盐黄油……300g
玛萨拉酒……225g

1. 将鲜奶油、水饴和转化糖浆放入锅中，煮沸。
2. 钢盆中放入巧克力，再放入一半量的1，搅拌至完全乳化。待充分融合后将剩余的1放入，搅拌。
3. 待2降至人体体温左右，将黄油放入，用手持电动搅拌棒拌匀。
4. 将玛萨拉酒放入3中，搅拌均匀。

巧克力香堤鲜奶油

◆备用量

42%鲜奶油……500g
35%牛奶巧克力……500g

1. 将鲜奶油放入锅中，煮沸。
2. 钢盆中放入牛奶巧克力，再放入1，充分搅拌。
3. 放入冰箱冷藏1天。

玛萨拉酒渍无花果干

◆备用量

无花果干……1000g
玛萨拉酒……适量

1. 将玛萨拉酒倒入无花果干里，约腌渍1个月。

镜面巧克力酱

◆备用量

牛奶……520g
细砂糖……300g
水饴……40g
转化糖浆……200g
镜面果胶……900g
吉利丁片……24g
55%巧克力……650g
可可粉……80g

1. 将牛奶、细砂糖、水饴、转化糖浆和镜面果胶放入锅中，充分搅拌，煮沸。
2. 将用水泡软的吉利丁放入1中，使之融化。
3. 钢盆中放入巧克力和可可粉，再放入2，用锥形滤网过滤。

巧克力蕾丝

◆备用量

无盐黄油……150g
牛奶……60g
转化糖浆……20g
细砂糖……180g
果胶……8g
可可粉……20g
杏仁碎粒……320g

1. 将一部分细砂糖和果胶充分混合。
2. 锅中放入黄油、牛奶、转化糖浆和1剩余的细砂糖，加热。
3. 将过筛后的可可粉放入2中，再放入1，充分搅拌。
4. 将空烧好的杏仁碎粒放入3中。

5. 将3放入铺有烘焙纸的烤盘上，用奶油刀抹成薄薄一层，放入150℃的对流烤箱中烤15分钟左右。冷却后切开使用。

铺塔皮与烘焙

1. 将约1kg的巧克力黄油饼干面团放在大理石台上，揉至面团有点融合后整理成椭圆形。用擀面棍从上面敲打，整理成四边形。
2. 撒上手粉（分量外），将1用压面机压成2mm的厚度，再用戳洞滚轮戳出气孔。
3. 用直径10.5cm的塔圈切割塔皮，放入冰箱冷藏。
4. 将3铺进直径6.5cm、高1.5cm的空心模，使之完全贴紧。
5. 将4放入冰箱冷藏2~3小时。
6. 在5上面铺烘焙纸，然后放入红豆当做塔石，均匀地铺平。放入170℃的对流烤箱中烤15～16分钟。
7. 将6从烤盘移至网架上，拿出烘焙纸和红豆，放凉。

组合与完成

1. 在空烧好的巧克力黄油饼干面团的内侧底部，放入用调理机打成糊状的玛萨拉酒渍无花果干，约放2mm的厚度，用奶油刀抹平。
2. 在1上面倒入焦糖酱，约倒至塔皮的八分满，然后放入冰箱冷冻使之变硬。
3. 将甘那许奶油馅倒入2，倒满，放入冰箱冷冻使之变硬。
4. 烤盘铺上烤盘垫，放上直径6.5cm、高1.5cm的空心模，然后倒满甘那许奶油馅，放入冰箱冷冻使之变硬。
5. 将3的塔皮倒放在4上面。
6. 将5从烤盘垫上拿出来，脱模。将巧克力香堤鲜奶油打至七分发泡，用星形8号挤花嘴挤2cm厚至甘那许奶油馅上。放入冰箱冷冻至巧克力香堤鲜奶油变硬。
7. 倒着拿6去蘸融化成稠状的镜面巧克力酱，蘸至甘那许奶油馅的位置，再将烤好的巧克力蕾丝装饰上去。

乐心甜品
Agréable

恪遵法式甜点的
基本原则

出生于日本京都的加藤晃生主厨，在日本芦屋的"HENRI CHARPENTIER"工作后远赴法国，经过"LA VIEILLE FRANCE""Gérard Mulot"等名店的磨练，于2013年回到日本京都，在中京区开设"Agréable"。雅致的店面融入到京都街头，吸引了来自全国各地的粉丝。而抓住顾客芳心的，是加藤主厨不跟随流行而恪遵法式甜点基本原则的态度。

加藤主厨把在法国学到的功夫用在制作塔皮的各个步骤上。首先，将黄油、盐、糖粉和杏仁粉用搅拌器拌匀后，将全蛋分2或3次放入。重点在于，将低筋面粉放入之前，必须先拿出搅拌盆，用刮板将盆子上的面团刮下来整理好。做了这个动作，之后再放入面粉时就无需过度搅拌，可以防止出筋，让口感更佳。

将放在冰箱冷藏一天后的面团放在大理石台面上，稍微揉过后整理成椭圆形。用擀面棍从上面敲打面团，整成四边形，再用压面机压成2mm的厚度。"巧克力玛萨拉酒塔"就是要品尝当中的甘那许，因此塔皮厚度只有2mm，让人感觉不太到它的存在。

压成厚度2mm的塔皮，铺上塔模后也要是正确的2mm厚才行，因此不能将塔皮一口气铺进塔模里，而是要一点一点地把塔皮放入，这样才能烤得均匀。

铺塔皮之前，必须特别注意不让塔皮的温度上升。因此用模具切割塔皮后要放在冰箱冷藏，而且铺完塔皮后也要放入冰箱冷藏2~3小时让塔皮收紧，才能烤出黄油饼干面团特有的酥松口感。

放在170℃的对流烤箱中烤15~16分钟，而且要随时确认烘焙状态适时调整温度。由于要烤出塔皮的香气、风味与口感，因此要烤至用手一碰就能感觉到弹性的程度。此外，如果连同蛋奶酱一起烘烤，也必须先空烧塔皮，如果两者一起烤，蛋奶酱有可能会加热过度。为了让塔皮与蛋奶酱皆处在最佳状态，应该先将塔皮空烧至七八分熟。

层层使用玛萨拉酒，
让滋味更深邃

提到法式甜点中传统的派塔，就会想到反烤苹果塔和谈话塔。那么这次介绍的"巧克力玛萨拉酒塔"是在何种状况下产生的呢？

"我当时正在思考秋冬的巧克力塔新作品，跟客人到法国餐厅去吃饭，他们拿出玛萨拉酒当餐后酒。我一喝，觉得味道与巧克力塔很搭，就马上试做。"玛萨拉酒是意大利的加强葡萄酒，酒精浓度高，能喝到强烈的果实味和一点甜味。而浸在玛萨拉酒一个月的酒渍无花果干，以及用玛萨拉酒增添香气的甘那许，都令这款塔的滋味更深邃、更适合大人享用。打成糊状的酒渍无花果干，具有独特的口感，在它的上面叠上口感柔滑的焦糖以及玛萨拉酒的甘那许。乍看以为会偏甜，其实不然，这是因为玛萨拉酒的浓郁香气将整体调和得十分平衡。

加藤主厨表示，由于要对产品负责，他在构思产品时，基本上都是以亲手制作、亲手组合为前提。忙碌之余若还有一点空档，就会亲自接待顾客，详细介绍产品特色。正是主厨对甜点的热情与真挚的态度深获顾客信赖，粉丝人数不断攀升。

美味
Delicius

店东兼主厨　　长冈 末治

- 杏桃果酱
- 烤苹果
- 卡仕达奶油馅
- 巧克力蛋糕
- 咸面团

苹果是这款塔的主角，烘烤时会将苹果溢出的果汁不时地淋上去，因此口感滑顺，几乎与奶油馅融为一体。占整体分量最多的卡仕达奶油馅，蛋黄用量为平常的1.5倍，质地浓郁，但粉类的用量极少，因此口感清爽，不会喧宾夺主。为了让味道和口感稍有变化，加入了巧克力蛋糕。

塔的千变万化

覆盆子塔
＊奶酥面团
→P.176

温州蜜柑塔
＊奶酥面团
→P.176

蓝莓佐苹果塔
＊奶酥面团
→P.176

塔皮

特征为在口中静静融化的膨松口感。重点在于面粉与黄油的混合方法，就像要用面粉包住黄油般地轻轻搅拌，不要让面团发黏。

模具尺寸：直径7cm、高1cm

单纯追求品尝苹果的
原汁原味

苹果塔

500日元（约人民币29元）（不含税）
供应期间 10月~2月

材料与做法

苹果塔

咸面团

◆直径7cm、高1cm的塔模 约30个份

发酵黄油（Calpis）……………150g
细砂糖………………………………100g
全蛋……………………………………80g
杏仁粉…………………………………50g
低筋面粉（日本制粉"Sirius"）
………………………………………250g

1. 搅拌器中放入回软的黄油。
2. 将细砂糖放入**1**中，用电动搅拌器搅拌。
3. 将全蛋分次放入**2**中，每次放入后都搅拌均匀，再放入杏仁粉拌匀。
4. 放入过筛的低筋面粉，搅拌至还留有一点粉状。
5. 用保鲜膜密封，放入冰箱冷藏约1小时。

卡仕达奶油馅

◆20个份

蛋黄……………………………………3个
细砂糖…………………………………45g
低筋面粉…………………………………8g
玉米粉…………………………………10g
牛奶…………………………………200mL
香草豆荚……………………………1/2根
无盐黄油（四叶乳业）………………10g
38%鲜奶油（九分发泡）……………50g

1. 用打蛋器将蛋黄和细砂糖搅拌至泛白。
2. 将低筋面粉和玉米粉放入，用打蛋器充分搅拌。
3. 用带柄的锅子将牛奶和香草豆荚煮沸，再放入**2**中，拌匀。
4. 用大火煮沸**3**。
5. 将**4**拿离火源，加入黄油搅拌，拿出香草的豆荚，放凉。
6. 将**5**搅散，放入九分发泡的鲜奶油，搅拌至鲜奶油的气泡消失，不要过度搅拌。

巧克力蛋糕

◆6号的蛋糕模具 2个份

全蛋…………………………………264g
细砂糖………………………………204g
低筋面粉……………………………147g
可可粉…………………………………30g
无盐黄油………………………………54g

1. 混合全蛋和细砂糖，隔水加热，煮至人体的温度后打至发泡。
2. 将过筛混合后的低筋面粉和可可粉放入**1**中，用水滴形汤勺搅拌。
3. 黄油融化后放入**2**中，用水滴形汤勺搅拌。
4. 倒入6号的蛋糕模具中，放入上下火皆为180℃的烤箱中烤30分钟左右。放凉后切成10mm的薄片，用直径4cm的模具割出来。

烤苹果

◆2个份

苹果（日本陆奥）……………………1个
细砂糖…………………………………30g
无盐黄油（日本四叶乳业）……………5g
香草豆荚……………………………适量
苹果白兰地…………………………适量
杏桃果酱……………………………适量

1. 苹果去皮、去果核，呈放射状纵切成6等份，排在烤盘上。
2. 在**1**的外侧用刀画出格子状，撒上细砂糖、黄油、香草豆荚、苹果白兰地，放入上下火皆为220℃的烤箱中烘烤。过程中，将苹果释出的果汁分2或3次淋上去，烤至出现焦色。
3. 烤后好，将杏桃果酱涂在格子切纹的那面。

铺塔皮与烘焙

蛋黄…………………………………适量

1. 用擀面棍将咸面团擀成2mm的厚度，用直径11cm的模具切割塔皮，戳洞后铺进直径7cm、高1cm的塔模中。然后铺上烘焙纸，放上塔石，再放入上火180℃、下火200℃的烤箱中空烧。
2. 待烤出八分焦色后拿出塔石，烤至全体呈七分焦色。
3. 用刷子薄涂蛋黄，再次放入上火180℃、下火200℃的烤箱中烤2分钟。

组合与完成

金箔…………………………………适量

1. 将卡仕达奶油馅挤进空烧好的塔皮中，约挤七分满，放上巧克力蛋糕，再挤上卡仕达奶油馅，挤成小山状。
2. 将烤好的苹果以格子切纹朝上的方式排在**1**的表面，然后装饰金箔。

美味
Delicius

**选择新鲜美味的苹果，
用心烘烤**

长冈末治主厨很喜欢苹果，这点从店名上的苹果标志即可窥知。店里推出各种派塔和慕丝，这次介绍的"苹果塔"是当年秋天的新作，特色在于简单，只用苹果、卡仕达奶油馅和塔皮组合而成。

塔皮采用咸面团。长冈主厨学习到的不败法则是：搭配的材料若是甜的，塔皮就用不甜的；材料若是不甜，那么就选择甜的塔皮。在这个大原则上，还要追求两者之间的速配性。"苹果和卡仕达奶油馅都是滑顺的，因此塔皮就要做出酥松的口感。不过，如果做成派会有点过软，而且不好成形，所以我就选择做成咸面团。"这个咸面团的材料虽然很普通，但制作过程自有主厨的巧思。"传统都是面粉和黄油充分搅拌，但这个咸面团采取的方式是让面粉包住黄油，就像在做千层派一样，这样就能做出不黏而有酥松口感的面团了。"

苹果用的是日本陆奥、津轻等内含丰富果蜜的品种。一般用于蛋糕上的苹果，大多使用不容易坍塌的红玉或国光品种，虽然酸味强烈，但能调和整体滋味而受到重用。不过，长冈主厨的论点是"还是用直接吃就很好吃的苹果来做甜点比较好。"虽然他认为"材料本身就好吃的话，做起来可以很简单。"但其实这是个很考验技术的工作。苹果在烘烤之前，必须先在外侧用刀画出格子状，然后撒上砂糖、切成小丁状的黄油、现切的香草豆荚，再放入烤箱烘烤。果蜜丰富的苹果在烘烤过程中会释出果汁，因此要随时确认火候，将苹果表面烤至焦色。此外，通过不断地把从苹果流出来的果汁再淋到苹果上，就能将苹果的美味锁在里面了。

组合越是简单就越容易显得俗气，因此需要一些感性。重点在于仔细观察苹果的形状和烤色，展现出立体感。

重视整体平衡，让客人大呼："再来一个！"

做蛋糕必须重视客人的观感。"采用极其复杂的制作流程，会做出专家赞赏的美味来。做工繁复、滋味浓厚的较受专家青睐，而且专家一吃便知道好不好吃了。但是，一般顾客不太会一点一点品尝，都是一整个吃下去的，我们在做蛋糕给客人吃的时候，不能忘记这一点。"长冈主厨表示，他会计算全部吃完后的满足感来综合考虑整体的平衡。

以这款"苹果塔"来说，整体分量有一半是卡仕达奶油馅，由于卡仕达奶油馅是味道的关键，而设计出专用的配方。为了避免黏滑感，仅使用极少量的低筋面粉等粉类；为了增加浓稠感，蛋黄的用量是正常的1.5倍；为了增加圆润感而加入了黄油。于是这款奶油馅的质地浓郁，但入口即化，非常清爽。

夹在塔中间、厚度1cm的巧克力蛋糕，目的是为了避免塔的味道过于单调，并且营造出分量感，不过这也是在整体平衡的考虑下所做的设计。

"这个比较适合使用直径7cm、高1cm的塔圈，或者做成球形，但其实尺寸再大一点也没关系，因为卡仕达奶油馅和苹果这个组合就够好吃的了。"

长冈主厨做过煮苹果、煎苹果、将苹果放入杏仁奶油馅中烘烤等各式各样的苹果塔，但这次是以塔皮、奶油馅和苹果这种组合简单的派塔来吸引顾客。"客人不是那么好骗的，所以很难。"长冈主厨说："如果客人吃完后即使肚子饱了却还说：'我好想再吃一个啊！'就太棒了。虽然很难，但我会继续朝这个目标努力，不断研发出新产品的。"

大步甜点
Pâtisserie et les Biscuits
UN GRAND PAS

店东兼甜点主厨　　丸冈 丈二

塔的千变万化

时令水果塔
＊甜面团
→P.156

柠檬塔
＊甜面团
→P.158

洋梨塔
＊甜面团
→P.159

葡萄柚塔
＊甜面团
→P.161

杏仁塔
＊甜面团
→P.167

肉桂粉、粗砂糖、黄油、甜菜糖、糖粉

蛋奶酱

卡仕达杏仁奶油馅

糖渍苹果

布里欧面团

"雪堤"（Ch'tis）是法国的北方人或北方地区的总称。丸冈丈二主厨在法国北部的阿拉斯城邂逅一款叫做"阿拉乔瓦斯"的塔后，就将它改良成这款以布里欧面团和甜菜糖为特色的"雪堤塔"。覆盖在表面的面团上涂一层蛋奶酱，再撒上粗砂糖和甜菜糖烘焙而成，可以品尝到砂糖丰富的口感和浓郁的香气。

塔皮

使用高筋面粉与100%法国产的面粉做成布里欧面团，再擀成5mm的厚度。黄油和蛋的用量多，可促使发酵，因此口感轻盈、入口即化。

模具尺寸：直径15cm、高4.5cm

可同时品尝砂糖芳香与浓郁的
布里欧面团做成的塔

雪堤塔

1500日元（约人民币87元）（含税）
供应期间 全年

69

材料与做法

雪堤塔

布里欧面团

◆直径15cm、高4.5cm的空心模 2个份

快发干酵母	6.8g
全蛋	46g
盐	3.2g
高筋面粉（日清制粉"特选VIOLET"）	78g
中筋面粉（日清制粉"TERROIR Pur"）	78g
细砂糖	28g
水饴	6.4g
无盐黄油（日本高梨乳业）	86g

1. 将少许砂糖和快发干酵母放入50g约40℃的开水里，搅拌均匀，静置10分钟左右（开水和砂糖皆为分量外）。
2. 搅拌盆中放入1、全蛋和盐，放入过筛混合好的高筋面粉、中筋面粉、细砂糖和水饴，用搅拌器揉面。
3. 将黄油放入2中，揉匀。拿出一部分面团观察，出现筋膜且呈透明感时，就表示面团揉好了。
4. 就像将表面伸展开似的，将面团整理成圆形，放入钢盆里，用保鲜膜密封，放入冰箱冷藏1晚，使之发酵。

卡仕达杏仁奶油馅

◆1个份

卡仕达奶油馅*1	40g
杏仁奶油馅*2	40g
肉桂粉	3g
密斯卡岱（Muscadet）白葡萄酒	0.5g

*1 卡仕达奶油馅（备用量）

牛奶	1000g
香草豆荚	1根
蛋黄	10个
细砂糖	250g
高筋面粉（日清制粉"特选VIOLET"）	100g
无盐黄油（日本高梨乳业）	100g

1. 锅中放入牛奶。切开香草豆荚，刮出里面的香草籽，然后连同豆荚一起放入锅中煮沸。
2. 钢盆中放入蛋黄，用打蛋器打散，再放入细砂糖，搅拌至泛白。
3. 将过筛好的高筋面粉放入2中，拌匀。
4. 将一部分1放入3中，搅拌，再将剩余的1全部放入，拌匀后用滤网滤回锅中。
5. 用中火加热，用打蛋器不断搅打，不要煮至烧焦。一边搅拌一边加热，呈顺滑状态后将黄油放入，充分搅拌。
6. 将5倒入方形平底盘中，倒成薄薄一层，然后放入冰水中快速冷却。表面用保鲜膜密封，放入冰箱冷藏。

*2 杏仁奶油馅（备用量）

无盐黄油（日本高梨乳业）	250g
杏仁糖粉	
┌杏仁粉	250g
└细砂糖	250g
全蛋	4个

1. 将杏仁糖粉放入呈发蜡状的黄油中，用打蛋器搅拌。
2. 将蛋分3或4次放入，搅拌至稍微发泡。每次放入前都要充分搅拌。

1. 将40g卡仕达奶油馅和40g杏仁奶油馅混合，将肉桂粉和密斯卡岱酒放入，充分搅拌。

蛋奶酱

◆1个份

无盐黄油（日本高梨乳业）	20g
双倍黄油（日本高梨乳业）	30g
卡仕达奶油馅（参考"卡仕达杏仁奶油馅"）	30g
甜菜糖	20g

1. 黄油回软至呈发蜡状，再将搅软的双倍黄油和卡仕达奶油馅放入，用橡皮刮刀搅拌。
2. 将甜菜糖放入，充分拌匀。

糖渍苹果

◆1个份

苹果	1个
A ┌水	500g
├细砂糖	250g
├柠檬汁	1/2个份
├肉桂枝	1/2根
└八角	约1g

1. 将苹果去皮、去果核，呈放射状纵切成薄片。
2. 将A煮沸。苹果放入后用极小的火熬煮，不要煮糊。
3. 苹果煮熟后移至钢盆中，用保鲜膜包起来，在常温中放置1晚。

铺塔皮与烘焙

肉桂粉	适量
粗砂糖	适量
无盐黄油（日本高梨乳业）	适量
甜菜糖	适量

1. 将发酵1晚的布里欧面团分割成80g一份。
2. 用擀面棍擀成厚度5mm、直径15cm。这种塔皮一个要使用2张。
3. 将卡仕达杏仁奶油馅涂在一片塔皮上，放入35℃的发酵箱中，约发酵30分钟。
4. 将3铺进直径15cm、高4.5cm的空心模中，再将糖渍苹果均匀地放入。
5. 将另一片塔皮盖上去，在表面均匀涂上蛋奶酱。均匀地撒上肉桂粉和粗砂糖，再均匀地撒上切碎的黄油和甜菜糖。
6. 放入上火230℃、下火220℃的烤箱中，烤20~30分钟。再继续以180℃的对流烤箱烤20~30分钟。

完成

纯糖粉	适量

1. 待塔放凉后在表面撒上纯糖粉。

大步甜点
pâtisserie et les Biscuits UN GRAND PAS

充分运用甜菜糖的
独特风味

丸冈丈二主厨在日本东京的"Au Bon Vieux Temps"学习技艺后就远赴法国,在法国的"Stohrer"修业。当时,他在法国北部的阿拉斯城吃到一款当地的传统甜点"阿拉乔瓦斯塔",这是一款类似披萨且非常朴素的发酵甜点,做法是在布里欧面团上涂抹黄油,然后撒上甜菜糖或黑砂糖烘焙而成。

丸冈主厨说:"它的外观很朴素,但味道有深度,我觉得非常好吃。"于是他加以改良,将卡仕达杏仁奶油馅、使用了甜菜糖的蛋奶酱、糖渍苹果组合起来,取名为"雪堤塔"。

法国是甜菜糖的一大产地,法国北部地区更是特产甜菜糖。由于它比砂糖的精制度低,具有独特的风味与色泽,用来嫩煎苹果或洋梨特别好吃。如果想让玛德莲蛋糕等烧果子更有个性,就可以将细砂糖用量的二三成替换成甜菜糖。

丸冈主厨将黄油和鲜奶油用乳酸菌发酵后质地浓郁的双倍黄油,以及卡仕达奶油馅、甜菜糖混合做成蛋奶酱,然后涂在塔皮上,这样,原本朴素的甜点就变身成味道丰富的派塔了。

将布里欧面团冷藏发酵,
令风味更佳

"这个塔的特色在于,制作出2片同样厚度与大小的塔皮,也就是上下两片塔皮都是使用布里欧面团。"丸冈主厨说的没错,这款"雪堤塔"的确整个都是由布里欧面团做成的。

配方很丰盛,使用等比例的高筋面粉和风味绝佳的法国产100%小麦做成的面粉,再放入超过面粉一半量的黄油。布里欧面团这类配方丰盛的面团,冷藏发酵很有效果,和一般的发酵不同,它能制造出更多酯类的香气成分,因此风味更足。

将放入冰箱冷藏1晚而一次发酵的面团分割成80g每份,每个需准备2份。一边转动面团,一边用擀面棍施力均等地将塔皮擀成厚度5mm、直径15cm,其中1片塔皮上均匀地涂一层卡仕达杏仁奶油馅,再用35℃的发酵机约发酵30分钟。

这里的卡仕达杏仁奶油馅,在混合卡仕达奶油馅和杏仁奶油馅的阶段时,放入了肉桂粉和密斯卡岱酒来增添风味。

二次发酵后将塔皮铺入直径15cm的空心模中,然后放入糖渍苹果。糖渍苹果的做法是,先用与苹果极对味的肉桂以及拥有独特甜香的八角等煮成糖浆,再将苹果放入糖浆中熬煮而成。

在糖渍苹果上面放另一张塔皮,接下来的步骤全是丸冈主厨独创的,令人眼前一亮。在塔皮表面涂抹蛋奶酱,均匀地依序撒上肉桂粉和粗砂糖,再放上切碎的黄油,并均匀撒上甜菜糖后烘烤。

"由于是布里欧面团,所以要烤至可以整个拿起来的程度。"方法是放入上火230℃、下火220℃的烤箱中烤20分钟,再放入180℃的对流烤箱中烤20~30分钟。烤好后表面的砂糖和黄油会烧焦而有焦糖似的甜香,也会飘出甜菜糖特有的莱姆酒香,粗砂糖融化后的口感也很棒。放凉后在表面撒上大量糖粉。

"纯糖粉没有添加物,不但味道好,看起来也不一样,会有用纯糖粉做出来的特有表情。"

总之,这是一款在砂糖的滋味、浓郁、香气、表情上下足功夫的,真正以砂糖为主角的塔。

阿尔卡雄蛋糕
ARCACHON

店本兼主厨　　森本 慎

塔的千变万化

蓝莓塔
*甜面团
→P.158

黄香李塔
*甜面团
→P.161

反烤苹果塔
*脆皮面团
→P.171

随心所欲塔
*脆皮面团
→P.172

樱桃巴斯克蛋糕
*巴斯克面团
→P.176

糖粉
镜面巧克力酱
荨麻酒
巧克力慕丝
焦糖洋梨
布丁
脆皮面团

在加了全麦面粉来提升风味与口感的脆皮面团中填入布丁，再摆上口味相搭的焦糖化洋梨，最后叠上一层以香草利口酒——"荨麻酒"增添风味的巧克力慕丝。虽然味道丰富且香气交错，但外形简洁且别致，高雅的成熟感引人注目。

塔皮

使用脆皮面团，里面加入了用石臼研磨的全麦面粉，因而风味与酥松口感都更为突出。为了增加烤色而在面团里加了少量砂糖，不会很甜，却可以为其他材料提味。

模具尺寸：直径7cm、高1.6cm

微微散发药草酒香
适合大人品尝

阿尔卡雄夫人

450日元（约人民币26元）（不含税）
供应期间 全年

材料与做法

阿尔卡雄夫人

脆皮面团

◆直径7cm、高1.6cm的塔圈 100个份

无盐黄油（日本高梨乳业）……750g
低筋面粉（日清制粉"VIOLET"）
………………………………900g
全麦面粉（熊本制粉"石臼研磨全麦面粉CJ-15"）………100g
盐………………………………20g
细砂糖…………………………15g
牛奶……………………………200g
蛋黄……………………………40g

1. 黄油切成适当大小后冷藏，低筋面粉和全麦面粉预先过筛混合。
2. 搅拌盆中放入1、盐和细砂糖，用低速搅拌至会一滴一滴落下来的状态。
3. 将牛奶和蛋黄放入，用电动搅拌器搅拌成面团，用保鲜袋包住，放入冰箱冷藏1晚。

布丁

◆16个份

47%鲜奶油………………………450g
香草豆荚………………………1/4根
蛋黄………………………………80g
细砂糖……………………………50g

1. 将从香草豆荚刮出来的香草豆，连同豆荚一起放入鲜奶油中，煮沸。
2. 将蛋黄和细砂糖搅拌至泛白，与1混合，搅拌均匀后用滤网过滤。

焦糖洋梨

◆20个份

糖渍洋梨（对切的切片）………10个
细砂糖……………………………适量
无盐黄油…………………………适量
威廉斯梨甜酒……………………适量

1. 将糖渍洋梨呈放射状纵切成6等份，一共切成60片。
2. 锅中放入细砂糖和黄油，煮成焦糖。
3. 将1放入2中，均匀裹上焦糖，然后将威廉斯梨甜酒放入，加热。

荨麻酒巧克力慕丝

◆直径7cm、高1.5cm的模具 90个份

35%鲜奶油……………………1700g
牛奶………………………………800g
蛋黄………………………………320g
细砂糖……………………………160g
吉利丁片…………………………9g
60%巧克力………………………860g
绿荨麻酒…………………………150g

1. 锅中放入800g鲜奶油和牛奶，煮沸后熄火。
2. 钢盆中放入蛋黄和细砂糖，用打蛋器搅拌至泛白。
3. 将1放入2中搅拌，倒回1的锅子里，再度加热。用打蛋器持续搅拌以免烧焦，加热至82℃后熄火。
4. 将预先用水泡软的吉利丁沥干后放入3中，搅拌均匀。
5. 钢盆中放入巧克力，再将4过滤进去，同时拌匀。放入绿荨麻酒增添风味。将钢盆放入冰块中，冰镇至20~25℃。
6. 将打至七分发泡的900g鲜奶油放入5中，拌匀。烤盘铺上玻璃纸，放上模具。将慕丝倒满模具，放入冰箱冷冻使之凝固。

铺塔皮与烘焙

蛋液（全蛋打散）………………适量

1. 用压面机将脆皮面团压成厚度2mm，用10号模具切割塔皮。
2. 烤盘上放直径7cm、高1.6cm的模具，然后将1紧密地铺进去，切掉多余的塔皮后放入冰箱冷藏至变冷。
3. 再一次将塔皮完全贴紧模具，铺上烘焙纸，再均匀地铺上塔石。放入180℃的对流烤箱中，打开调节阀，烤20分钟后拿掉烘焙纸与塔石。
4. 在内侧涂抹蛋液，放入180℃的烤箱中烘干2~3分钟。

组合与完成

◆1个份

焦糖洋梨…………………………3片
巧克力喷雾（日本CACAO BARRY社"Glace Fondant"）………………适量
防潮糖粉…………………………适量
镜面巧克力酱……………………适量
金箔………………………………适量

1. 将布丁倒入空烧好的脆皮面团至2/3满，放入180℃的对流烤箱中烤15分钟。
2. 稍微散热后，每个1的上面放入3片焦糖洋梨。
3. 将荨麻酒巧克力慕丝从模具上取下来，喷上巧克力喷雾。隔着模具纸撒上防潮糖粉，用装入锥形纸袋的镜面巧克力酱描绘图案，再装饰金箔，放在2上面。

阿尔卡雄蛋糕
ARCACHON

用洋梨的清凉感引出
巧克力与药草酒的风味

森本慎主厨在日本数家甜点坊累积经验后远赴法国。在波尔多地区一带工作3年左右，2005年回日本开设"ARCACHON"。据说店名是森本主厨之前在法国工作的波尔多地区一个小港城，对他而言意义非凡。

一如店名取得如此慎重，这次要介绍的塔，也是森本主厨的得意作品"阿尔卡雄夫人"。

"在日本并不常见，但我在法国修业期间倒是经常看到，在餐厅或酒吧，很多人把巧克力当下酒菜，一边喝干邑白兰地或白兰地，一边吃巧克力。"森本主厨表示，用餐后喝着荨麻酒配巧克力并不稀奇。

荨麻酒是从法国的卡尔特教会流传出来的一种药草酒。详细的制作方法是教会的秘密，并不外传，主要是以白兰地为基底，加入130种药草放入酒桶熟成，有"利口酒女王"之称。

将荨麻酒与巧克力搭配起来做成甜点，经过不断地试做，终于诞生这款"阿尔卡雄夫人"。

荨麻酒可分为绿荨麻酒和黄荨麻酒两大类，森本主厨选择了偏辣且带丰富药草香的绿荨麻酒。而为了与之搭配，尝试过各种巧克力，终于找到可可香气突出且有适度苦味的巧克力。

巧克力慕丝是先做成英式奶油酱，然后放入吉利丁融化，再放入甘那许中，最后冰镇散热。不过，如果冰得过久就会偏硬，要冰至还没完全凝固，约20~25℃最恰当，此时正好松松软软得入口即化，最为美味。

"只有塔皮加巧克力这样简单的塔也不错，但我觉得它与多汁的洋梨很对味。"于是森本主厨加入了洋梨的清凉感和嚼劲，当巧克力慕丝入口即化时，苦味、酸味，以及利口酒的香气就更突出了。

不仅如此，洋梨还裹上焦糖，并且用威廉斯梨甜酒煮过，而塔皮里放入了与这种洋梨极对味的布丁，因此还可同时品尝到布丁特有的圆润口感。

用心将塔皮
烤出酥松感

森本主厨认为"面团是甜点的命"。塔皮不是单纯装蛋奶酱或慕丝的容器而已，它的味道与口感必须与整体取得平衡。

这款塔采用没有甜味且能衬托出其他馅料的脆皮面团。为了做出像派面团那样的酥松口感，就不能让面团发黏，因此材料要全部先冰过，混合完毕和铺进塔模后也都必须放入冰箱冷藏。

铺完塔皮且冰过后要再一次将塔皮紧贴塔模，这样才能烤出完美的塔皮来。

塔皮的厚度为2mm，能与其他部分取得平衡且口感恰好。最好能烤出均匀的褐色，因此过程中必须时时确认烘烤状况，如果烤色不均，就将烤盘前后方向对调。烤好后要放入布丁，因此需要涂上防潮的蛋液（全蛋），再放入烤箱烘干2~3分钟。

"为了展现优雅的气质，必须组合出利落感，毕竟名字当中有优雅的'夫人'两字。"整体呈现巧克力色和肤色，是一款受到大人尤其是女性顾客青睐的派塔。

捧先生蛋糕店
Pâtisserie Française
Yu Sasage

店东兼甜点主厨　　捧　雄介

塔的千变万化

麝香晴王葡萄塔
＊甜面团
→P.157

柠檬塔
╳甜面团
→P.158

否桃塔
＊脆皮面团
→P.170

葡萄塔
＊脆皮面团
→P.172

冷冻覆盆子干
玫瑰蛋白霜
覆盆子果冻
覆盆子奶油馅
覆盆子果酱
红茶卡仕达杏仁奶油馅
甜面团

捧雄介主厨致力于将材料的芳香表现出来，这款"香水"就是希望展现玫瑰利口酒的芬芳。在甜面团里放入伯爵茶叶，再放入卡仕达杏仁奶油馅烘烤，淋上玫瑰糖浆。除了果冻、奶油馅、蛋白霜之外，还能品尝到玫瑰的芳馥与覆盆子的美味，非常丰富，宛如享用一朵盛开的玫瑰花。

塔皮
使用压成厚度2mm口感酥脆的甜面团。面团里放入添加了伯爵茶粉的卡仕达杏仁奶油馅。最后淋上香气宜人的玫瑰糖浆。

模具尺寸：直径6cm、高1.5cm

玫瑰与红茶的芳香，
以及融合不同口感的优雅滋味

香水

470日元（约人民币27元）（含税）
供应期间 全年

材料与做法

香水

甜面团

◆直径6cm、高1.5cm的空心模 约200个份

A ┌无盐黄油（日本四叶乳业）····2240g
│ 低筋面粉（日清制粉"VIOLET"）
│ ···3200g
│ 糖粉··1200g
│ 香草糖··48g
│ 盐··32g
└ 杏仁粉··400g
全蛋··640g

1. 搅拌盆中放入A，用刮板在粉类中将黄油切成细粒状后，与粉类一起搅拌均匀。
2. 将打散的全蛋放入，用搅拌器充分拌匀。
3. 待粉类差不多成团后用刮板整理成形，不要使其发黏。然后用保鲜袋包起来，放入冰箱冷藏约1小时。

红茶卡仕达杏仁奶油馅

◆完成量5000g（每个使用25g）

卡仕达杏仁奶油馅
┌无盐黄油（日本四叶乳业）······900g
│ 糖粉··900g
│ 全蛋··900g
│ 杏仁粉··900g
│ 低筋面粉（日清制粉"VIOLET"）
│ ···150g
│ 卡仕达奶油馅*··································720g
└ 黑朗姆酒（NEGRITA）·······················75g
红茶粉（伯爵茶）（每200g卡仕达杏仁奶油馅）···································3g

*卡仕达杏仁奶油馅
（备用量）
牛奶···1000g
香草豆荚··1根
蛋黄··75g
细砂糖··300g
高筋面粉（日清制粉"CAMELLIA"）···75g

1. 锅中放入牛奶和香草豆荚，煮至快沸腾时熄火。
2. 蛋黄和细砂糖充分拌匀，再将过筛好的高筋面粉放入搅拌。将1倒入搅拌，再倒回1的锅子里，再次加热。
3. 用刮刀持续搅拌2，不要使其烧焦。倒入放在冰水中的方形平底盘里，表面用保鲜膜密封，待稍微散热后放入冰箱冷藏。

1. 制作卡仕达杏仁奶油馅。在呈发蜡状的黄油中放入糖粉，用打蛋器搅拌。
2. 将打散的全蛋分数次放入1中搅拌。每次放入后都要充分搅拌，搅拌至滑顺状态。
3. 将过筛混合好的杏仁粉和低筋面粉放入，搅拌均匀。
4. 放入搅软的卡仕达奶油馅，拌匀，加入莱姆酒增添风味，卡仕达杏仁奶油馅就完成了。
5. 将红茶粉放入4中，搅拌均匀。

覆盆子果冻

◆直径3cm的半球形烤模 70个份

覆盆子果泥·······································500g
细砂糖···90g
吉利丁片··12g
玫瑰利口酒（"Gilbert Miclo"公司）
··100g

1. 容器里放入覆盆子果泥和细砂糖，用微波炉加热约2分钟，加热至40～45℃。
2. 将用水泡软的吉利丁放入1中，使之完全融化。
3. 将容器放入冰水中冰镇，再将玫瑰利口酒放入，拌匀。

覆盆子奶油馅

◆直径3cm的半球形烤模 70个份

覆盆子果泥·······································180g
无盐黄油（日本四叶乳）·······················210g
全蛋··140g
细砂糖··130g
吉利丁片··5.2g

1. 锅中放入覆盆子果泥和黄油，煮沸。
2. 全蛋和细砂糖搅拌均匀后，将1分次放入，同时拌匀。
3. 将2倒回1的锅子里，一边搅拌一边用小火煮沸，煮至滑顺状态。
4. 熄火后将泡软的吉利丁放入，用手持电动搅拌棒搅拌至完全乳化，再将锅子放入冰水中冰镇。

玫瑰蛋白霜

◆5个份

糖浆
┌覆盆子果泥······································12g
│ 水···20g
└ 细砂糖··60g
蛋白··50g
细砂糖···10g
玫瑰利口酒（"Gilbert Miclo"公司）
···8g
覆盆子果酱（"Hero"公司）···················6g

1. 锅中放入覆盆子果泥、水、细砂糖，用小火熬煮至115℃。
2. 蛋白和细砂糖充分打至发泡后将1一点一点放入，同时充分打发。
3. 钢盆中放入玫瑰利口酒和覆盆子果酱，再将100g稍微散热后的2放入，用橡皮刮刀拌匀。

玫瑰糖浆

◆容易制作的分量

糖浆（Brix30%）······························50g
玫瑰利口酒（"Gilbert Miclo"公司）
···50g

1. 材料全部混拌均匀。

覆盆子果酱

◆约100个份

细砂糖··300g
果胶···3.6g
覆盆子（冷冻）·································400g
水饴···48g

1. 取一部分细砂糖（适量），加入果胶，充分搅拌。
2. 锅中放入细砂糖、覆盆子和水饴，加热并搅拌。煮至60℃后将1放入，边搅拌边煮至Brix60%（产品中的可溶性固形物的含量）。

铺塔皮与烘焙

1. 将松弛1小时的甜面团用压面机压成厚度2mm，再用直径9cm的模型割出塔皮。
2. 将1铺进直径6cm、高1.5cm的空心模中，放入冰箱冷藏约30分钟。用奶油刀切掉塔圈上多余的塔皮。
3. 在2中挤入25g的红茶卡仕达杏仁奶油馅，用180℃的烤箱烤25分钟。
4. 将3上下颠倒放在烤盘垫上30分钟～1小时，待稍微散热后再上下翻回来。

组合与完成

◆1个份

整颗覆盆子（冷冻）································1个
野草莓（冷冻）···1个
冷冻覆盆子干·······································适量

1. 直径3cm的半球形模具中各放一个覆盆子和野草莓，再依覆盆子果冻、覆盆子奶油馅的顺序，各倒入10g，放入冰箱冷冻使之凝固。
2. 待塔皮稍微散热后淋上玫瑰糖浆，涂上覆盆子果酱，然后放上脱模后的1。
3. 在1的周围用泡芙专用挤花嘴将玫瑰蛋白霜挤成玫瑰花瓣。用喷火枪将半个蛋白霜烧出焦色，没有焦色的部分撒上冷冻覆盆子干。

捧先生蛋糕店
Pâtisserie Française Yu Sasage

以多层次的香气与风味
来加强印象

"我想做出能刺激五感的塔。"捧雄介主厨说。于是，除了塔的味道、香气、外形、口感之外，他连叉子插进去、嘴巴咬下去的声音都考虑到了，就是要做出能让人的五感都能得到欢愉的甜点。

"美味与口感当然不在话下，我正努力研发，让嗅觉也获得满足。"捧主厨出于这样的考虑做出了这款别具玫瑰优雅芬芳的"香水"。而酝酿出这股香气的，就是法国阿尔萨斯的知名蒸馏业者"Gilbert Miclo"公司出品的"玫瑰利口酒"。

捧主厨邂逅这款利口酒时，被它不呛鼻的优雅芳香所吸引，决定无论如何都要运用它的魅力，经过一再试做后终于完成这款"香水"。

"我选择了与玫瑰香气极对味的覆盆子与红茶（伯爵）。用同样材料做出口感不同的各个部分，然后组合起来，刚开始吃的感觉和吃完之后的余韵重叠，会让滋味更深邃。"于是使用了两层覆盆子，一层是入口即化的果冻，一层是滑顺的奶油馅。将果冻和奶油馅倒入半球形的模具中，然后冰起来使之凝固，而且当中还各藏了一颗覆盆子和野草莓，让味道与口感具有多层次的深度。

塔皮里放入果冻和奶油馅，再用带有玫瑰香气与覆盆子风味的蛋白霜挤成花瓣一般，覆盖在周围。

塔皮采用比其他面团口感更松脆且香气十足的甜面团。在具有杏仁的浓郁与卡仕达奶油馅的圆润感的卡仕达杏仁奶油馅中，直接放入伯爵茶粉，做成更具香气的红茶卡仕达杏仁奶油馅，再放入塔皮里烘焙而成。开业之前，捧主厨曾经在日本东京四谷的"HOTEL DE MIKUNI"工作，当时的甜点主厨寺井则彦会在卡仕达杏仁奶油馅中加入香料或果泥而做出独创的风味。"加点味道进去，就能让甜点展现出期待中的风格，这一点，我是向寺井主厨学来的。"

塔皮烘焙完成后
上下颠倒使之干燥

这款"香水"的塔皮，考虑到与红茶卡仕达杏仁奶油馅的平衡、咀嚼时的感觉，甚至是用叉子切开的难易度决定做成2mm的厚度，让硬度达到最佳状态。

店里的厨房温度设在25℃，而且压面机就设在冷气下方最凉爽的地方。压面皮、铺塔皮时，面团的温度若上升，面团就会软塌，因此必须在短时间内迅速完成。挤入红茶卡仕达杏仁奶油馅后，要烘烤出甜面团该有的香气。不过，若是烘烤过度，红茶卡仕达杏仁奶油馅会太干，因此必须随时留意烘烤状况并适时调整。

如果烤好后直接放凉，红茶卡仕达杏仁奶油馅里的水分会变成蒸汽散掉，而且红茶香气也会随之散失。针对这点，捧主厨想到的散热方法是，将烤好的塔皮上下颠倒放在烤盘垫上30分钟~1小时，之后上下翻过来，在表面淋上玫瑰糖浆。通常都会烤完趁热淋上糖浆或利口酒类，使之更容易渗透进去，但捧主厨认为稍微散热后塔里面还保留必要的水分，因此1小时后再淋上糖浆依然可以渗透进去，而且香气夺人。

五感获得满足后，这款"香水"就会在顾客的记忆中持续芬芳。

鸟之音甜品
Pâtisserie chocolaterie Chant d'Oiseau

店东兼主厨　村山 太一

塔的千变万化

神秘百香果
＊甜面团
→P.159

杏桃塔
＊甜面团
→P.161

柳橙巧克力塔
＊甜面团
→P.162

米布丁塔
＊千层酥皮面团
→P.175

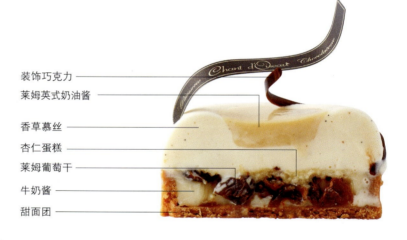

装饰巧克力
莱姆英式奶油酱
香草慕丝
杏仁蛋糕
莱姆葡萄干
牛奶酱
甜面团

这款原创的香草塔，是在表现从鲜奶油和牛奶的奶味中感觉到的香草风味。在用甜面团制成的塔皮里，放入牛奶酱和莱姆葡萄干。上面是凝固成萨瓦兰蛋糕形状的香草慕斯，中间是莱姆酒风味强烈的英式奶油酱，令滋味更具魅力。最后放上装饰巧克力，表现出分量感。

塔皮
采用甜面团，并做出粗糙的纹理，从而有直率的嚼劲。塔皮厚度为3mm，这种偏厚的塔皮保形力较佳。

模具尺寸：直径7cm、高2cm

乳制品中散发莱姆酒香，
创造出成熟的"香草味"

马提尼克香草塔

450日元（约人民币26元）（含税）
供应期间 全年

材料与做法

马提尼克香草塔

甜面团

◆直径7cm、高2cm的塔圈 约400个份

无盐黄油（日本高梨乳业）……2700g
细砂糖……………………………1340g
全蛋………………………………450g
A ⎡ 低筋面粉（日本制粉
　　"MONTRE"）………………4400g
　⎣ 盐…………………………………10g

1. 搅拌盆中放入恢复常温的黄油和细砂糖，用低速搅拌，不要拌入空气。
2. 将打散的全蛋分4次放入**1**中，同时用低速搅拌。
3. 将混合后过筛的A放入**2**中，用低速搅拌。拿出搅拌盆，用手将全体拌匀，整理成形后放入冰箱冷藏1晚。

香草慕丝

◆直径7cm、高2cm的萨瓦兰蛋糕模具 80个份

A ⎡ 38%鲜奶油（日本高梨乳业）
　　…………………………………497g
　│ 牛奶（日本高梨乳业）………248g
　⎣ 香草豆荚（切开）……………1根
B ⎡ 加糖蛋黄液………………………455g
　│ 细砂糖……………………………340g
　⎣ 香草糖……………………………30g
吉利丁片……………………………18g
Mon Reunion香草（100%天然香草原汁）……………………………20滴
38%鲜奶油（日本高梨乳业）…1448g
巧克力喷雾（可可黄油：Elishblanc =2：1）……………………………适量

1. 锅中放入混合好的A，煮至沸腾前熄火。
2. 钢盆中放入B，用打蛋器打至泛白。
3. 将**1**边搅拌边一点一点倒入**2**中，然后全体拌匀。
4. 将**3**放入锅中，用刮刀边搅拌边加热至83℃呈浓稠状，再放入用冰水泡软的吉利丁和Mon Reunion香草，搅拌后过滤进钢盆中。
5. 将八分发泡的鲜奶油放入**4**中，用橡皮刮刀轻轻搅拌。
6. 将**5**倒入模具中急速冷冻，然后脱模、喷雾。

莱姆英式奶油酱

◆约160个份

A ⎡ 牛奶（日本高梨乳业）………350g
　│ 38%鲜奶油（日本高梨乳业）
　⎣ …………………………………100g
B ⎡ 加糖蛋黄液………………………130g
　│ 细砂糖……………………………70g
　⎣ 香草糖……………………………20g
吉利丁片……………………………4片
黑莱姆酒（法国产"NEGRITA"）
………………………………………165g

1. 锅中放入混合好的A，煮至沸腾之前熄火。
2. 钢盆中放入B，用打蛋器打至泛白。将**1**一点一点放入搅拌，倒入锅中。
3. 加热**2**，同时搅拌使其呈浓稠状，熄火。将用冰水泡软的吉利丁放入搅拌，使其完全融化后过滤。
4. 将莱姆酒放入**3**中搅拌，稍微散热。

牛奶酱

◆备用量（1个使用35g）

A ⎡ 38%鲜奶油……………………2000g
　│ 牛奶（日本高梨乳业）………2000g
　│ 细砂糖……………………………500g
　⎣ 果胶（LM型）……………………30g
香草豆荚………………………………1.3根

1. 锅中放入切开的香草豆荚，加热至沸腾之前熄火，放入砂糖和果胶，使之完全融化。

莱姆葡萄干

◆备用量（1个使用20g）

葡萄干（美国产"SUN·MAID"）
………………………………………5000g
糖浆（莱姆酒：30°Bé糖浆=2：1）
………………………………………适量

1. 容器中放入洗净的葡萄干，再放入糖浆至淹过葡萄干的高度。腌渍1个月以上。除了冬天，其余季节放入冰箱冷藏。

杏仁蛋糕

◆一次可烤6个蛋糕的烤盘 2盘份

A ⎡ 加糖蛋黄液………………………533g
　│ 全蛋………………………………557g
　│ 细砂糖……………………………561g
　│ 杏仁粉（西班牙产
　│ "MARCONA"种）……………256g
　⎣ 水饴………………………………133g
B ⎡ 蛋白………………………………745g
　⎣ 细砂糖……………………………395g
低筋面粉……………………………720g
C ⎡ 牛奶（日本高梨乳业）………160g
　│ 无盐黄油（已融化／日本高梨
　⎣ 乳业）……………………………66g

1. 搅拌盆中放入A，用中高速搅拌。
2. 另一个搅拌盆中放入B，用高速搅拌，做成蛋白霜。
3. 将**2**放入**1**中，用橡皮刮刀轻轻搅拌。在拌匀的过程中，依序放入低筋面粉和C，用橡皮刮刀轻轻搅拌，不要搅破蛋白霜的气泡。
4. 将**3**倒入铺有烘焙纸的烤盘中，以170℃的烤箱烤10分钟后，将温度调成160℃再烤20分钟左右。从烤盘上拿下来，稍微散热。用直径5cm的圆形模割出来。

铺塔皮与烘焙

1. 甜面团用压面机压成3mm的厚度，用直径12cm的圆形模切割塔皮。
2. 将**1**铺进直径7cm、高2cm的塔圈中，以170℃的对流烤箱约烤16分钟，脱模，放在网架上，稍微散热。

组合与完成

装饰巧克力……………………………适量
金箔……………………………………适量

1. 每个塔皮的底部铺上35g的牛奶酱，再放上20g的莱姆葡萄干。
2. 将杏仁蛋糕放在**1**上面，用手轻轻压平表面，放上香草慕丝，再将莱姆英式奶油酱倒入中间的凹洞里。
3. 将**2**放入冰箱中冷藏，让莱姆英式奶油酱冷却凝固。放入展示柜之前，再放上装饰巧克力和金箔。

鸟之音甜品
Pâtisserie chocolaterie Chant d'Oiseau

塔是让理想的味道
更容易展现出来的容器

对村山太一主厨而言，塔就是"让理想的味道更容易展现出来的容器"，理由是塔皮除了黄油以外，并无其他突出的味道，因此能衬托出上面的材料（主角）。这次介绍的这款"马提尼克香草塔"，是村山主厨一心想做出以香草为主角的产品而诞生的店内招牌甜点。

村山主厨说："我在设计甜点时很在意材料感，要让人一吃就知道是什么味道。"这款"马提尼克香草塔"的设计，就是要让人吃一口，"牛奶的香草风味"便在口中扩散开来。主要的慕丝部分是用牛奶与38%鲜奶油以1:2的比例调和而成，强调奶味，再用纯天然的香草原汁"Mon Reunion香草"来增添自然的甘甜风味。而且，除了莱姆葡萄干之外，英式奶油酱中也让莱姆酒充分发挥效果，因此入口后会留下与香草融合后的余香，十分怡人。

"马提尼克香草塔"的塔皮采用甜面团。村山主厨心目中的理想塔皮是"有酥松的口感"，他认为不需要到酥脆的程度，但有点硬度会提升塔皮的美味。而且使用口感粗糙的甜面团，可以与上面轻盈的香草慕丝的口感做出区别，吃起来更有意思。

至于塔皮的厚度，村山主厨用得厚一些，是3mm。由于客人外带，塔难免受到撞击，厚一点是为了提高塔的保形力。此外，考虑到很多人是白天买回去晚上才吃，因此放置时间也是制作上必须考虑的重点，于是严选材料，不断尝试，力求最佳的制作方法。

这款塔使用的低筋面粉就是严选出来的。不同厂商、不同种类，面粉的吸水性和含筋量便不同，口感就有差别。村山主厨最后选了最适合做蜂蜜蛋糕和蛋糕卷的日本制粉"MONTRE"，它的口感最理想。

关于甜面团的制作方法，要诀是放入面粉搅拌时不要搓揉。这是为了制造出粗糙的纹理，才能表现出松脆的口感。

"塔皮 = 黄油"，
铺塔皮必须迅速完成

在铺塔皮方面，村山主厨认为"塔皮 = 黄油"，因此铺进塔模的速度要快，不要让黄油融化。"黄油在25℃以上就会融化，为了不让手温传到塔皮上，动作要快，这点比什么都重要。"塔皮的理想状态是，用手指按压后不会凹陷。塔皮一变软，不但会凹陷，也难以铺成一致的厚度。相反，如果塔皮太冷，铺的时候就容易破裂。因此，必须将塔皮放在黄油不会融化的室温中，并且铺成一致的厚度。

最后的组合重点是，如果塔的体积小，就用装饰巧克力等来增加分量感与华丽感。有设计感的外形能提升魅力，掳获顾客的心。

此外，村山主厨将蛋奶酱倒入塔皮时，还考虑到了"取得塔皮和水分之间的平衡。"举例来说，在黄油饼干面团做成的塔皮中倒入焦糖奶油馅时，居然是先涂上糖浆再倒进去。"如果湿气太少，焦糖会凝固，口感就过硬了。用糖浆来补充水分，会让口感恰到好处。"村山主厨总是挂念着客人外带后塔是否保持一样的美味，而用心做出口感均衡的派塔。

光辉甜品
Pâtisserie
La splendeur

店东兼主厨　　藤川 浩史

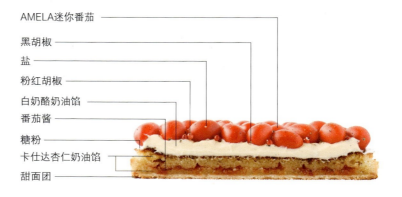

AMELA迷你番茄
黑胡椒
盐
粉红胡椒
白奶酪奶油馅
番茄酱
糖粉
卡仕达杏仁奶油馅
甜面团

这是以高甜度的"AMELA迷你番茄"为主角的创意派塔。填入甜面团里的卡仕达杏仁奶油馅中间，夹了一层番茄酱，烘烤后放上与番茄极对味的奶油奶酪混合卡仕达奶油馅。铺满新鲜番茄的这种创新手法与艳丽的色泽极具魅力。最后撒上盐和两种胡椒（黑色与粉红色）来提味。

塔的千变万化

百香果无花果塔
＊甜面团
→P.160

焦糖巧克力果仁糖塔
＊甜面团
→P.162

红酒水果塔
＊甜面团
→P.166

塔皮
使用入口即松散开的甜面团。烤至上色来表现酥脆的口感。铺进塔模后就倒入蛋奶酱进行烘焙。

模具尺寸：直径18cm、高2cm

用塔这个"容器"
将番茄与白奶酪盛装起来

番茄白奶酪塔

5000日元（约人民币290元）（含税）
供应期间 不定期

材料与做法

番茄白奶酪塔

甜面团

◆直径18cm、高2cm的塔模 2或3个份

无盐黄油（日本四叶乳业）……135g
糖粉…………………………………85g
全蛋…………………………………45g
杏仁粉（西班牙产）………………28g
低筋面粉……………………………225g

1. 搅拌盆中放入恢复常温的黄油和糖粉，搅拌。
2. 将打散的全蛋分3次放入1中，用中速搅拌。
3. 将杏仁粉放入2中，用中速搅拌。
4. 将3从搅拌机中拿出来，将过筛好的面粉全部放入，用手搅拌至看不见粉状，然后整理成形。用手压成2cm的厚度后放入冰箱冷藏1晚。

卡仕达杏仁奶油馅

◆约2个份

无盐黄油（日本四叶乳业）……100g
糖粉…………………………………100g
全蛋…………………………………100g
A ┌ 杏仁粉（西班牙产）………100g
  └ 低筋面粉……………………16g
卡仕达奶油馅*……………………200g

*卡仕达奶油馅
（用量）
A ┌ 牛奶（明治乳业）…………250g
  └ 香草豆荚……………………1/4根
B ┌ 蛋黄…………………………60g
  └ 细砂糖………………………70g
鲜奶油粉……………………………30g
无盐黄油（日本四叶乳业）………25g

1. 锅中放入A，煮至沸腾前熄火。
2. 钢盆中放入B，用打蛋器打至泛白，再将鲜奶油粉放入搅拌。
3. 将1一点一点放入2中，同时搅拌。再次倒入锅中，用打蛋器持续搅拌并煮沸，煮至浓稠状后熄火。
4. 将黄油放入3中搅拌，然后用滤网滤进方形平底盘中，稍微散热。

1. 搅拌盆中放入黄油，搅拌至滑顺状态。
2. 将糖粉全部放入1中，用中速拌匀。
3. 将打散的全蛋分3次放入2中，同时用中速搅拌。
4. 将混合过筛好的A放入3中，用中速搅拌。
5. 用另一个搅拌盆将卡仕达奶油馅搅软，再将一部分4放入搅拌。
6. 将5的面团放回4的搅拌盆中，用中速搅拌，然后从搅拌机取出来，将面团整理成形，放入冰箱冷藏1晚。

番茄酱

◆1个份

番茄（完全成熟）…………………150g
A ┌ 巴糖醇………………………50g
  │ 细砂糖………………………25g
  └ 柠檬草（新鲜的）……………4g
柠檬汁………………………………适量

1. 去掉番茄蒂，细切成约2cm的小丁状。
2. 锅中放入1的番茄、A，用大火一口气煮出浓度（Brix58%）。
3. 将柠檬汁放入2中搅拌，倒入另一个容器，稍微散热，然后取出柠檬草。

白奶酪奶油馅

◆1个份

天然奶油奶酪（法国灯塔奶油乳酪"Le Gall"）……………………………90g
卡仕达奶油馅（参照"卡仕达杏仁奶油馅"）…………………………90g
琴酒…………………………………2g

1. 搅拌盆中放入奶油奶酪，用中高速充分搅拌至滑顺状态。
2. 将搅软的卡仕达奶油馅、琴酒放入1中，用中高速充分搅拌至均匀状态。

铺塔皮与烘焙

琴酒（合同酒精"Neptune"）
……………………………1个放25g

1. 将甜面团用压面机压成2.5mm，用直径25cm的空心模切割塔皮。
2. 将1铺进直径18cm、高2cm的塔模中。装上圆形挤花嘴的挤花袋中放入卡仕达杏仁奶油馅，每个挤入130g。放上番茄酱，均匀抹平，再次挤进卡仕达杏仁奶油馅，每个挤入140g。
3. 放入上下火皆为200℃的烤箱中，约烤30分钟。脱模后放在网架上，趁热用刷子涂上琴酒，稍微散热。

组合与完成

AMELA迷你番茄…………………适量
粉红胡椒（整颗）…………………适量
糖粉…………………………………适量
盐（法国给宏德产"盐之花"）
………………………………………适量
黑胡椒（粗粒）……………………适量

1. 将圆形挤花嘴（直径1cm）装进挤花袋中，再装入白奶酪奶油馅。
2. 在烤好的塔皮中由中央呈漩涡状挤上1，再撒上粉红胡椒，塔皮边缘则撒上糖粉。
3. 在2的上面铺满AMELA迷你番茄，然后均匀撒上盐、黑胡椒和粉红胡椒。

光辉甜品
Pâtisserie La splendeur

为发挥番茄的
个性而使用塔

　　藤川浩史主厨表示，这款"番茄白奶酪塔"上面的"AMELA迷你番茄"，是他三四年前在蔬菜店看到的。它的特色在于除了番茄特有的风味外，甜度非常高，但不会过甜，还有刚刚好的酸味。

　　藤川主厨为这种番茄的美味所折服，想做出以它为主角的甜点，最后选择了"塔"。

　　"如果在慕丝上面放新鲜的番茄，慕丝的味道会盖过它，而塔皮的味道不会太重，所以能展现出番茄的风味。"此外，白奶酪奶油馅中使用了法国灯塔奶油奶酪"Le Gall"。它浓厚的奶味与番茄的甜和酸都极对味，因此一如意大利料理的"卡布里沙拉"般，只有番茄搭奶酪就非常美味了，但藤川主厨还在白奶酪奶油馅中放入了卡仕达奶油馅，使其更甜、更入口即化，也就更像甜点了。

　　"番茄白奶酪塔"的塔皮采用甜面团。藤川主厨理想中的甜面团是具有酥松的口感，而且入口就会松散开来。要做出这样的口感，就得在面团的混合方式上下功夫。混合材料时不要搓揉，不要让面团生筋，才能做出膨松的口感。此外，烘烤就能表现出酥松的嚼劲。烤至充分上色也会提高香气，令滋味更难忘。

铺塔皮的要诀是
将多余的塔皮往里折

　　铺塔皮有两个要诀。一是让侧面稍厚。由于上面要放约60颗番茄，因此侧面需要做出约5mm的厚度，让塔皮更坚固、更有保形力。第二个要诀是铺塔皮时，模具上面多出来的部分不要折到外面，而是朝里面压进去。将直径25cm的塔皮铺进直径18cm的塔模，多余的部分就用手指往里面压进去，让模具的边角都铺满塔皮。

　　此外，关于塔皮的厚度，只要是小糕点就会做得薄一点。以"番茄白奶酪塔"为例，当成餐后甜点时，厚度会做成2.5mm，但独立成为一个小糕点时，就会做成1.7mm。因为餐后甜点是切片享用的，而一个小糕点就是一个塔，它的塔皮比例比较多，因此要做得薄一点。总之，必须考虑入口的容易度与滋味的平衡，来调节塔皮的厚度。

　　不仅如此，最后完成"番茄白奶酪塔"时，藤川主厨还是有他的坚持。

　　"在上面撒盐时，有的地方要多、有的地方要少。这样的玩心创造出'动态的滋味'，第一口和第二口的味道不同，能让人吃得津津有味。"藤川主厨表示，当成餐后甜点切片时，只要每片的盐用量相同，不撒得那么均匀也没关系。主厨将这样的玩心表现成"轻松"，让我们见识到，做甜点也要保有不拘泥的灵活性。

　　"我认为塔就是基本的传统法式甜点，将塔皮当成容器来盛装馅料后烘焙而成。"藤川主厨说。以"红酒水果塔"（P.166）来说，就是将果干用红酒、砂糖等煮过并调味后，再放入塔皮里烘烤而成。而填入塔皮的水果等馅料，有些经过糖煎、有些经过熬煮，就是主厨的特色了。运用传统手法之余，也要重视品尝的乐趣，创作出传统的派塔。

香杏甜品
Pâtisserie L'abricotier

店东兼主厨　　佐藤 正人

塔的千变万化

红色水果塔
＊甜面团
→P.157

席耶拉（Sierra）
＊甜面团
→P.158

柑橘塔
＊甜面团
→P.161

蜜鲁立顿塔
＊甜面团
→P.167

妈咪塔
＊千层酥皮面团
→P.174

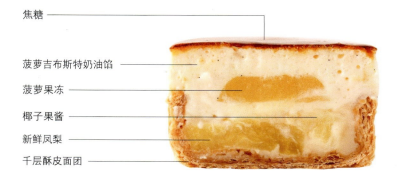

焦糖
菠萝吉布斯特奶油馅
菠萝果冻
椰子果酱
新鲜凤梨
千层酥皮面团

选择菠萝（凤梨）当材料，运用它的酸味，让清爽融化于喉间的感觉成为特色，是一款适合夏天享用的吉布斯特。在加了椰子果酱的千层酥皮面团做成的塔皮中，藏着新鲜凤梨，充分发挥它的酸味。而吉布斯特奶油馅使用脱脂牛奶，因此有奶味却减少了脂肪，余味清爽。

塔皮
将千层酥皮面团快速铺进塔模，做出清爽的口感。而且烤至上色，烤出酥松的嚼劲与香气。空烧后倒入蛋奶酱，再次烘焙。

模具尺寸：直径6.5cm、高2cm

凤梨的酸搭配椰子风味，
充满南国印象的吉布斯特

菠萝吉布斯特

450日元（约人民币26元）（含税）
供应期间 7月~9月

材料与做法
菠萝吉布斯特

千层酥皮面团

◆直径6.5cm、高2cm的塔圈 约180个份

高筋面粉·················1200g
低筋面粉··················800g
无盐黄油（明治乳业）······200g
A ┌ 水···················800g
　├ 盐····················40g
　└ 醋···················100g
无盐黄油（明治乳业）······1600g

1. 混合高筋面粉和低筋面粉后过筛。
2. 将融化的黄油（200g）放入**1**中，充分搅拌。
3. 将A混合后先冰起来，然后一点一点放入**2**的中间，搅拌后整理成形。用保鲜膜密封，放入冰箱冷藏2小时以上。
4. 将**3**放在撒上手粉（高筋面粉、分量外）的工作台上，用擀面棍擀成3cm的厚度（54cm×32cm）。
5. 将冰好的黄油（1600g）用擀面棍擀成2cm的厚度（25cm×32cm），放在**4**的中间。用面团把黄油包住，接口要密封。用擀面棍擀成约3cm的厚度。
6. 将**5**放入压面机压成1~1.2cm的厚度。折三折后再次擀成3cm的厚度，放入冰箱冷藏4小时。之后重复3次"折三折→擀平"的步骤，放入冰箱冷藏1晚。重复同样的步骤2次，用压面机压成2mm的厚度。放入冰箱充分冷藏（折叠流程一共进行6次）。

菠萝吉布斯特奶油馅

◆8个份

意式蛋白霜用
┌ 水·····················29g
├ 细砂糖··················72g
└ 蛋白····················48g
蛋黄······················27g
细砂糖····················15g
A ┌ 凤梨果泥（La Fruitiere公司）
　│ ·····················64g
　├ 柠檬汁··················4g
　├ 香草豆荚（切开）······1/7根
　└ 脱脂牛奶（四叶乳叶）····5g
低筋面粉···················8g
吉利丁片···················2g

1. 制作意式蛋白霜。锅中放入水和细砂糖，加热，熬煮出117℃的糖浆。钢盆中放入蛋白搅拌，呈蛋白霜状后将糖浆一点一点放入，再次搅拌。
2. 钢盆中放入蛋黄、细砂糖，搅拌至泛白。
3. 将A和过筛好的低筋面粉放入**2**中搅拌，同时加热至浓稠状。
4. 将用冰水泡软的吉利丁放入**3**中搅拌，使其完全融化。过滤后将**1**放入，用打蛋器轻轻搅拌，不要搅破蛋白霜。

椰子果酱

◆约18个份

全蛋······················96g
细砂糖····················50g
椰子果泥（La Fruitiere公司）···200g
香草精···················2.4g

1. 钢盆中放入恢复常温的全蛋和细砂糖，搅拌至滑顺状态。
2. 将加热至40℃左右的椰子果泥放入**1**中搅拌，再把香草精放入，搅拌后过滤。

菠萝果冻

◆直径3.5cm、高2cm的模具 30个份

A ┌ 凤梨果泥（La Fruitiere公司）
　│ ····················270g
　├ 细砂糖·················18g
　└ 水····················20g
吉利丁片···················4g

1. 锅中放入A，加热同时搅拌至细砂糖完全融化。
2. 将用冰水泡软的吉利丁放入，搅拌至完全融化后过滤。
3. 将**2**倒入模具中，急速冷冻。

铺塔皮与烘焙

1. 将千层酥皮面团用直径10cm的塔圈切割塔皮。铺进直径6.5cm、高2cm的塔圈中，用手指按压，让塔皮紧贴模具底部的边角。将模具上面多余的塔皮往内侧折，再次用手指按压，把塔皮的边缘整理成像要溢出模具外侧般。
2. 在**1**上面戳洞，铺上烘焙纸，再铺上塔石。放入180℃的对流烤箱中烘烤15~20分钟（烤5~6分钟后为避免塔皮过度膨胀，在上面放置烤盘）。

组合与完成

蛋黄······················适量
新鲜凤梨··········1个塔放2或3片
黄砂糖····················适量
细砂糖····················适量
糖粉······················适量

1. 在空烧好的千层酥皮面团内侧涂上蛋黄。放上新鲜的凤梨切片，倒入椰子果酱。用170℃的对流烤箱烤10~12分钟后脱模，稍微散热。
2. 将**1**的边缘（突出外侧的部分）用刀子以下斜45°的方向切掉，再放上薄涂黄油（分量外）的塔圈（直径6.5cm、高2cm），中间放入菠萝果冻，然后倒满菠萝吉布斯特奶油馅。
3. 在**2**的上面撒上黄砂糖，用瓦斯喷枪炽烤成焦糖。再用同样方式——细砂糖→焦糖、糖粉→焦糖，共进行3次，然后慢慢脱模。

香杏甜品
Pâtisserie L'abricotier

用千层酥皮面团的爽脆与
凤梨的酸甜营造夏季风味

"为了做出理想的塔,再细小的环节都不马虎。"佐藤正人主厨奉此为信条,自开店以来,始终是当天早晨烘烤当天销售。

"菠萝吉布斯特"是一款让人在炎炎盛夏都能吃得清清爽爽的夏日甜品。塔皮采用千层酥皮面团,里面填入新鲜的凤梨,上面的吉布斯特奶油馅中藏着菠萝(凤梨)的果冻来增添酸味。蛋奶酱里还有令人联想到南国的椰子果酱,十足的夏日风情。

佐藤主厨表示,塔皮选择千层酥皮面团,是考虑到整个吃完后的味道及口感的平衡。"我希望表现出清爽的感觉,吃完不会余味纠缠不清,所以吉布斯特奶油馅中用的是脱脂牛奶。而且,我认为吃完后的酥松口感会给人清爽的感觉,于是就用千层酥皮面团来试试看。"这款塔并不是决定塔皮的种类后再去思考上面的馅料,而是先决定馅料后才找出与其相搭的塔皮。

制作千层酥皮面团的要诀在于"一边冰一边做"。面团的最佳温度是4℃左右,最高也不宜超过10℃。一旦超过,黄油会融化,面团就软塌了。做完一次折三折的步骤后必须不厌其烦地放入冰箱冷藏,才能进行下一个折三折的步骤,这就是做出理想面团的要诀。折叠流程一共做6次,分2天进行,但必须极力避免给面团造成负担,因此动作必须迅速,并戴上食品用的薄手套,不让手温直接传到面团上。

此外,铺塔皮的要诀在于处理模具上面多出来的塔皮。将多余的塔皮向内折后用手指按压,把塔皮压进模具底部的边角,这样做可以避免烘烤时缩小。另一个重点是,塔皮的边缘要整理成突出模具外侧约2mm左右再送进烤箱烘烤。那么,之后将塔模放上这个突出部分,就会放得更稳,也能将吉布斯特奶油馅漂亮地倒入。

店内供应的吉布斯特塔会随季节更换材料,例如秋天会使用时令的红薯。将红薯裹上粗砂糖烘烤成焦糖后,撒上芝麻,做成如大学芋般的滋味,然后藏进塔皮里。塔皮则选择比千层酥皮面团更有嚼劲的甜面团,和红薯松软的口感极对味。

塔要"早上烘烤",
不妥协的味道正是迷人之处

供应派塔时,佐藤主厨的信条就是"早上烘烤"。但雨天等湿气重的日子,有时也会决定不在早上烘烤,总之就是坚持自己理想的味道与口感,绝不妥协。基本上是设定早上烘烤,当天出售,当天享用完毕。不仅小糕点如此,连烘烤型的"蜜鲁立顿塔""柑橘塔"也一样。

最后的焦糖步骤,佐藤主厨也非常有讲究。依黄砂糖、细砂糖、糖粉的顺序撒上,每撒一次就烘烤成焦糖(总共进行3次)。如果只用黄砂糖,颜色会太过强烈,因此用细砂糖将颜色调淡,再用糖粉来制造光泽。不仅出于颜色上的考虑,这样做还能让口感更好,有分量却不会太硬。"烤成焦糖后不要立刻吃,经过1小时左右焦糖有点融化后是最佳赏味时机。"吉布斯特塔每天最多供应8个,现做的热情以及追求美味的探究心,深受顾客青睐。

觅之甜品
Pâtisserie Rechercher

店东兼主厨　　村田 义武

塔的千变万化

椰子香蕉塔
＊甜面团
→P.160

无花果塔
＊甜面团
→P.160

香料巧克力塔
＊巧克力甜面团
→P.162

普罗旺斯
＊香料黄油饼干面团
→P.169

新桥塔
＊千层酥皮面团
→P.174

奶酥
黄色镜面酱
柠檬奶油馅
糖粉
乔孔达杏仁海绵蛋糕
百香草奶油馅
芒果果冻
甜面团

如蛋黄般的黄色半球体，清凉又可爱的派塔。以"柠檬塔的进化版"为目标的这款"澄黄塔"，魅力在于柠檬奶油馅与百香果奶油馅的夏日清爽酸味。而且，芒果果冻完全不加水，甜味浓厚，提升了浓郁度与深邃度。酥脆而有点沉重感的塔皮，与湿润的乔孔达杏仁海绵蛋糕的口感呈对比，妙不可言。

塔皮

使用中高筋面粉和低筋面粉做成的甜面团。重视口感，加了中高筋面粉后面团的强度提升，塔皮更酥脆。

模具尺寸：直径7cm、高2cm

柠檬塔的进化版，
酸与甜的完美结合

澄黄塔

500日元（约人民币29元）（不含税）
供应期间 6月中旬~9月中旬

材料与做法

澄黄塔

甜面团

◆直径7cm、高2cm的塔圈 60个份

无盐黄油·············600g
盐················5g
糖粉··············450g
全蛋··············250g
杏仁粉·············175g
A ┌中高筋面粉（日本制粉
  │ "Merveille"）······300g
  │低筋面粉（日清制粉
  └ "VIOLET"）········875g

1. 搅拌盆中放入黄油和盐，用低速搅拌均匀。
2. 将糖粉分2次放入，拌匀。
3. 将全蛋分3次放入，拌匀。
4. 将杏仁粉分2次放入，拌匀。
5. 将事先过筛好的A分2次放入，拌匀。
6. 搅拌至看不见粉状后用保鲜袋包起来，放入冰箱冷藏1天。

乔孔达杏仁海绵蛋糕

◆60cm×40cm的烤盘 1盘份

A ┌杏仁粉···········150g
  │低筋面粉··········42g
  └糖粉············150g
全蛋··············200g
蛋白··············125g
细砂糖·············23g
无盐黄油············30g

1. 搅拌机中放入预先过筛混合好的A和全蛋后搅拌。
2. 用蛋白和细砂糖制作柔滑的蛋白霜。
3. 待1看不见粉状后将1/3量的2放入，充分搅拌。
4. 将事先融化成60℃的黄油放入3中，搅拌。
5. 将剩余的蛋白霜放入4中，用橡皮刮刀搅拌，倒入烤盘中。以230℃的烤箱烤7分钟。烤好后从烤盘中取出，完全放凉。

芒果果冻

◆直径4cm、高1.5cm的烤模 48个份

芒果泥·············315g
细砂糖·············50g
吉利丁片············5g
柠檬汁·············15g
索米尔橙皮酒（saumur triple sec）
················10g

1. 锅中放入芒果泥和细砂糖，加热。
2. 待周围开始冒泡后拿离火源，将用水泡软的吉利丁放入。
3. 稍微放凉后将柠檬汁、索米尔橙皮酒放入。
4. 倒入烤模中，放入冰箱冷藏，使之凝固。

百香果奶油馅

◆48个份

百香果泥············450g
柠檬汁·············30g
无盐黄油············600g
细砂糖·············400g
全蛋··············450g

1. 锅中放入百香果泥、柠檬汁、黄油和1/2量的细砂糖，加热。
2. 将剩余的1/2的细砂糖放入全蛋中，用打蛋器充分搅拌。
3. 待1煮沸后熄火，将2用滤网滤进1中，再度煮沸后续煮约1分钟。
4. 煮好后用手持电动搅拌棒搅拌，倒入方形平底盘，用保鲜膜密封，放入冰箱冷藏。

柠檬奶油馅

◆直径6cm、高3.5cm的半球形模具 20个份

柠檬皮·············5个份
柠檬汁·············400g
无盐黄油············500g
细砂糖·············500g
全蛋··············10个

1. 锅中放入柠檬皮、柠檬汁、黄油和1/2量的细砂糖，加热。
2. 将剩余1/2量的细砂糖放入全蛋中，用打蛋器充分搅拌。
3. 待1煮沸后熄火，将2用滤网滤进1中，再度煮沸后续煮约1分钟。煮好后用细滤网过滤。

黄色镜面酱

◆备用量

镜面果胶············600g
百香果泥············50g
芒果泥·············85g
索米尔橙皮酒（saumur triple sec）
················15g

1. 材料全部放入搅拌盆中搅拌。

铺塔皮与烘焙

蛋黄···············适量

1. 将甜面团用压面机压成2mm的厚度，用直径9.5cm的空心模切割塔皮。
2. 烤盘上铺烤盘垫，将直径7cm、高2cm的塔圈放上去，然后将1紧密地铺进去。此时要撒点手粉。
3. 铺好后放入冰箱冷冻30分钟。
4. 塔皮内侧放锡箔纸，再放满塔石。放入上下火皆为180℃的烤箱中烤15分钟，将烤盘前后对调再烤10分钟。
5. 拿掉锡箔纸和塔石，放凉后脱模。
6. 塔皮内侧涂抹蛋黄，再以180℃的烤箱烤4~5分钟。

组合与完成

奶酥···············适量
糖粉···············适量

1. 用直径5cm的空心模切割乔孔达杏仁海绵蛋糕。
2. 用手持电动搅拌棒搅软柠檬奶油馅，倒入直径6cm、高3.5cm的半球形模具中，倒2/3满。盖上1的乔孔达杏仁海绵蛋糕，放入冰箱冷藏1晚，使之凝固。
3. 将百香果奶油馅挤入冰好的塔皮中，约挤1/3满，再将芒果冻放在中间。
4. 将百香果奶油馅挤满3，用奶油刀抹平。放入冰箱冷藏约1小时。
5. 待2凝固后脱模，淋上一层薄薄的黄色镜面酱。
6. 将5放在4上面。
7. 放上奶酥，撒上糖粉。

觅之甜品
Pâtisserie Rechercher

讲究粉类配方，
追求塔皮的口感

2010年，村田义武主厨开设"Rechercher"甜点坊。店名在法语中是"探求、研究"之意，店内摆满了村田主厨灵光一现的独创法式甜点，每次去都能遇见新产品，评价非常好。

"我最看重塔皮的口感，我认为唯有烘烤过又有点沉重感的塔皮，才能衬托出其他材料的风味来。"村田主厨说。这份讲究展现在从选材到制作过程的任何一个细节中。

这款"澄黄塔"所使用的甜面团，一般是用低筋面粉做成的，但村田主厨采用低筋面粉加中高筋面粉。"我觉得如果只使用低筋面粉，风味会有所缺失，所以我用中高筋面粉来加强，提升风味。"甜面团中使用的中高筋面粉是日本制粉的"Merveille"、低筋面粉则是日清制粉的"VIOLET"。此外，咸面团是使用日清制粉的"LEGENDAIRE"。总之，不同的面团要使用不同的面粉。

另一个重点是，混合材料前黄油等材料必须全都冰起来。黄油要有点硬度才好，要始终将面团的温度控制在19℃以下，因此混合流程必须迅速。为了让面团保持在好用的状态，要放入冰箱冷藏1晚，然后将面团用压面机压成2mm的厚度，并立刻铺进塔模中。"室温必须保持凉爽，而且不能过分接触面团，因为面团的温度变高就会变软，风味也会发生改变。"

铺完塔皮后就进行空烧流程。这个部分村田主厨也有所讲究，他不立即空烧，而是放入冰箱冷冻约30分钟，让塔皮变硬。这是由于塔皮如果变软，在上面铺锡箔纸、放塔石时，塔皮会有痕迹，就不能烤出理想中的口感了，因此必须确认塔皮真的变冷变硬了。放入180℃的烤箱中烤15分钟后，将烤盘前后对调，继续烤10分钟至塔皮呈褐色，这样就能烤出理想中的沉重感了。烤至香气四溢的塔皮冷却后，涂抹蛋黄再烤5分钟。蛋黄会在塔皮上形成一层膜，可避免奶油馅渗入塔皮，这样早上烤好的塔到了傍晚依然能保持令人惊喜的酥脆感。

制作出香气与口感
协调且具深度的塔

"塔本来就是表现出季节感的甜点。"村田主厨说。那么，这款"澄黄塔"又是在何种状态下产生的呢？村田主厨笑着说："我想做出以柠檬为主角，具有夏日风情的塔。应该说是灵光一现吗？我就想到了这个'澄黄塔'。"如果只有柠檬和百香果，味道会偏酸，于是加入了完全不掺水而且质地浓稠的芒果泥，让芒果清爽的酸味和浓郁的甜味来加以平衡。而且，塔皮用的是很有嚼劲的甜面团，因此整体的滋味变得很有深度。"Rechercher"推出的派塔，特征之一就是不用新鲜的水果。"如果放入新鲜的水果，水分会跑出来，就破坏塔皮的口感了。所以要在水果上放点糖使其出水，并把它的香气引出来。"以"无花果塔"为例，就是用樱桃白兰地和砂糖来腌渍无花果；而"椰子香蕉塔"是使用糖煎的香蕉。在水果上下点功夫，就能制作出香气与口感调和的塔了。店内每个季节都有六七种塔登场，"今后还会继续创作新口味的派塔。"村田主厨表现出强烈的创作意图。

哲人甜品
patisserie
AKITO

店东兼甜点主厨　　田中　哲人

- 莱姆果皮
- 蛋白霜
- 糖粉
- 柠檬莱姆果酱
- 柠檬莱姆奶油馅
- 甜面团

质地扎实的甜面团上，放入了柠檬莱姆奶油馅，再放上有苦有酸的柠檬莱姆果酱。最上面挤上甘甜的意式蛋白霜，仅炙烤表面，制造出酥脆的口感。为了强调出柠檬莱姆果酱，不涂抹蛋液或镜面果胶，组合极为简单。

塔的千变万化

巧克力佐牛奶酱塔
＊甜面团
→P.162

马斯卡彭奶酪塔
＊甜面团
→P.165

巧克力榛果吉布斯特
＊甜面团
→P.166

大黄佐野草莓塔
＊咸面团
→P.170

塔皮

主厨制作塔皮的宗旨是"用传统配方用心去做"。重点在于不让塔皮的滋味与口感妨碍馅料，以及就算不涂抹蛋液也不让馅料的汁液渗透进塔皮。

模具尺寸：直径7cm、高2cm

用香甜的蛋白霜
包裹柠檬、莱姆的苦与酸

柠檬莱姆塔

400日元（约人民币23元）（不含税）
供应期间 全年

材料与做法
柠檬莱姆塔

甜面团

◆直径7cm、高2cm的空心模 约40个份
发酵黄油（森永乳业）……… 300g
细砂糖……………………… 125g
盐……………………………… 3g
全蛋………………………… 100g
杏仁粉……………………… 125g
低筋面粉（日本增田制粉所"异人馆"）
………………………………… 500g

1. 搅拌盆中放入恢复室温的黄油和细砂糖，用中速搅拌。放入盐，轻轻搅拌成团。
2. 将蛋一边轻轻打散一边放入 1 中。开始分离后将杏仁粉分2或3次放入拌匀。
3. 将过筛好的低筋面粉放入 1 中，整理成形，放入冰箱冷藏2小时以上。

柠檬莱姆奶油馅

◆26个份
莱姆果泥…………………… 100g
日本产柠檬汁……………… 120mL
蛋黄………………………… 200g
全蛋………………………… 210g
细砂糖……………………… 200g
黄油（日本高梨乳业）…… 200g

1. 将黄油以外的所有材料放入锅中，用小火加热。
2. 呈浓稠状后将黄油放入，融化后放凉至常温。

柠檬莱姆果酱

◆备用量（1个塔使用20g）
莱姆果泥…………………… 1000g
柠檬皮（日本广岛县产）…… 700g
水…………………………… 2000mL
细砂糖……………………… 2000g
蜂蜜………………………… 350g
百里香……………………… 适量

1. 柠檬皮稍微留下白膜部分，切成粗粒，放水中煮开后将水倒掉，再次放入水中，煮开后将水倒掉。
2. 将百里香以外的材料全部放入1中煮沸，待柠檬煮透后熄火，用手持电动搅拌棒搅拌。
3. 再次将 2 煮5分钟左右，熄火，放入百里香的叶子。

蛋白霜

◆备用量
蛋白………………………… 200g
细砂糖……………………… 280g
水……………………………… 80g

1. 锅中放入细砂糖和水，用小火煮至剩余120g。
2. 将蛋白分次倒入 1 中，打至发泡，放凉。

铺塔皮与烘焙

1. 将甜面团用压面机压成2.5mm的厚度，将直径7cm的空心模放上去，割出比圆周大两轮的塔皮来。在直径7cm、高2cm的空心模内侧薄涂一层黄油（分量外），将塔皮铺进去，按压至底部出现边角的程度。
2. 放入上下火皆为170℃的烤箱中烤20~25分钟。

组合与完成

◆1个份
莱姆果皮…………………… 适量
糖粉………………………… 适量
覆盆子……………………… 1个

1. 将柠檬莱姆奶油馅倒入甜面团中至九分满。
2. 将20g的柠檬莱姆果酱放在中央。
3. 将打至发泡且出现光泽的蛋白霜装入挤花袋中，用圆形挤花嘴在 2 上面挤成水滴状。用喷火枪炽烤一圈。
4. 表面撒上糖粉，用刷子将莱姆皮碎末涂上去，再放上一颗覆盆子。

哲人甜品
patisserie AKITO

以发挥果酱的
美味为优先考虑

田中哲人主厨的招牌甜点是之前在"菓子s PATRIE"工作时制作出来的牛奶酱,在日本关西地区造成大轰动而经常被抢购一空。

田中主厨于2014年4月开设"patisserie AKITO",店里洋溢着牛奶酱的氛围,充满了温柔的褐色。"可以说我是因为果酱才独立开业的。"一如所言,店内甜点的主角正是各种各样的果酱。

当然,塔也是先决定果酱后再设想其他部分。"要如何组合季节性水果和奶油馅,才能与果酱相搭?"就像这样,田中主厨致力于如何将果酱的美味发挥出来。因此,为了不让塔皮干扰到主角果酱的滋味,他采用了古典的传统配方。

塔皮采用甜面团或咸面团。基本上是用甜面团,但如果想多放些果酱,为了不让甜味成为干扰,就会使用咸面团。

甜面团的口感不能太脆太硬,也不能烤得不够而水分太多,也就是以呈现"本来状态"为目标,因为从上至下都能自然而然地愉快吃下去,这样的软硬程度才是最不干扰的状态。蛋奶酱的材料有时也会用榛果粉取代杏仁粉,总之会随馅料的不同而灵活运用,担任最佳配角。

田中主厨对制作塔皮最大的讲究就是铺塔皮。将塔皮铺进空心模后必须用手指仔细按压侧边和底部的边角,将线条漂亮地呈现出来。"我不想涂抹蛋液,不想要多余的味道。"基于这个考虑,贴塔皮的功夫就马虎不得。只要贴紧,把边角都按压出来,那么即使不涂抹蛋液,馅料的汁液也不会渗进去,就能烤出具有酥松口感且坚固的塔皮了。

烘焙几乎都是空烧完成,即使里面装入了蛋奶酱,八成的流程也都是以空烧完成的。

不加入多余的味道,
力求简单的组合

柠檬莱姆塔也一样,是以发挥柠檬莱姆果酱的滋味为优先考虑。为了保留果酱中莱姆的苦味,刻意连同白膜一起切碎,并用水煮过两次。最后放入百里香叶片,就是要在带有苦味和酸味的果酱中,添加清爽的香气。

和柠檬莱姆果酱搭配的不是杏仁奶油馅,而是清淡的柠檬奶油馅。这款由莱姆果泥加柠檬汁做成的极简奶油馅,特色在于宛如包裹住果酱般的温和酸味。挤在果酱上方的意式蛋白霜是甜的,而且在蛋白霜表面炽烤出一层脆脆的薄皮。蛋白霜入口即化的口感包住奶油馅和果酱,而甜面团则将它们稳稳地组合起来。

田中主厨的另一个代表作是"巧克力佐牛奶酱塔"(P.162)。甜度温和的牛奶巧克力馅搭配带一点点盐的牛奶酱,是全年的招牌商品。尽量不涂抹蛋液和镜面果胶,不做装饰,让果酱一枝独秀的简单组合,是店内甜点的共同特色。组合方式不外乎坚果配焦糖、草莓配大黄等,以传统的基本款为主。

此外,田中主厨还尽可能使用附近产地的食材。例如面粉采用日本兵库县产的增田制粉所"异人馆",牛奶酱的牛奶产自日本淡路岛,水果有日本和歌山县产的桃子等,每一种都非常讲究,因此搭配季节性水果的派塔总是大受欢迎。接下来又会随季节推出什么样的新作呢?大批粉丝翘首以盼。

真嗣蛋糕
L'ATELIER DE MASSA

店东兼甜点主厨　　上田 真嗣

塔的千变万化

红酒无花果塔
＊甜面团
→P.160

樱桃塔
＊甜面团
→P.163

巴黎
＊可可黄油饼干面团
→P.169

反烤苹果塔
＊咸面团
→P.175

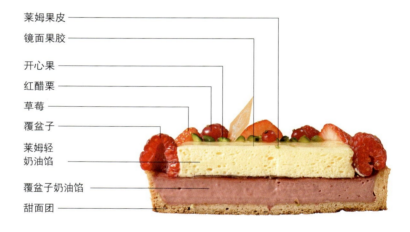

莱姆果皮
镜面果胶
开心果
红醋栗
草莓
覆盆子
莱姆轻奶油馅
覆盆子奶油馅
甜面团

这是一款莱姆佐覆盆子的塔。甜面团里填入覆盆子和草莓这两种莓果的果泥所做成的慕丝。上面是莱姆轻奶油馅，口感如吉布斯特般轻盈。二层分开吃会吃到很明显的酸味，但与甜面团一起入口，就会变成怡人的酸甜了。

塔皮

一般的甜面团都是一边搅拌一边搓揉，但上田真嗣主厨的甜面团只是轻轻搅拌成形而已。空烧后倒入覆盆子奶油馅，放入冰箱冷藏使之凝固。

模具尺寸：直径12cm、高2cm

从莱姆和覆盆子
两种不同酸味中变化出新滋味

Chamaeleon
～变色龙～

1836日元（约人民币107元）（含税）
供应期间 3月～9月

材料与做法

Chamaeleon ~变色龙~

甜面团

◆直径12cm、高2cm的塔圈 5个份

无盐黄油	120g
细砂糖	60g
盐	2g
全蛋	60g
低筋面粉（日清制粉"VIOLET"）	240g
发粉	2g

1. 将预先混合好的细砂糖和盐放入恢复室温的黄油中，用电动搅拌器搅拌，再将全蛋分2次边放入边搅拌。放入过筛好的低筋面粉和发粉，用电动搅拌器轻轻搅拌至看不见粉状。
2. 用保鲜膜密封，放入冰箱约冷藏半天。

覆盆子奶油馅

◆7个份

覆盆子果泥（法国BOIRON公司）	200g
草莓果泥（法国BOIRON公司）	85g
全蛋	100g
蛋黄	86g
细砂糖	72g
吉利丁粉	3g
水	21g
无盐黄油	100g

1. 锅中放入覆盆子和草莓的果泥，再将混合好的全蛋、蛋黄和细砂糖放入，用打蛋器充分搅拌后用大火加热至82℃。
2. 将1拿离火源，再将浸泡15分钟左右的吉利丁放入，使之融化，然后将黄油放入，用手持电动搅拌棒充分拌匀。

莱姆轻奶油馅

◆6个份

蛋黄	64g
细砂糖	85g
玉米粉	6g
38%鲜奶油	68g
莱姆果泥（法国BOIRON公司）	85g
无盐黄油	34g
吉利丁片	3g
意式蛋白霜	
┌ 蛋白	55g
│ 细砂糖	34g
└ 水	适量
35%鲜奶油（八分发泡）	42g

1. 容器里放入蛋黄、细砂糖和玉米粉，用打蛋器充分搅拌。
2. 鲜奶油和果泥加热至约82℃，再放入黄油。待黄油融化，将1放入，加热。
3. 放入用冰水（分量外）浸泡15分钟左右的吉利丁，使之融化，然后放凉至人体体温的程度。
4. 钢盆中放入蛋白，打发至还保留一点筋理。锅中放入水和细砂糖，煮至120℃，再一点一点倒入打发的蛋白中，同时搅拌。
5. 将4放入3中，用打蛋器搅拌，再放入八分发泡的鲜奶油，轻轻搅拌。倒入直径9cm、高1.5cm的空心模中，放入冰箱冷冻3~4小时使之凝固。

铺塔皮与烘焙

1. 用擀面棍将甜面团擀成3mm的厚度，用直径15cm左右的模具切割塔皮，放入冰箱冷藏约1小时。
2. 将1铺进直径12cm、高2cm的塔圈中，戳洞后放上塔石。塔皮要铺到底部的边角处。
3. 烤盘上铺一张有气孔的烤盘布，将2放上去，然后放入上下火皆为180℃的烤箱中烤20~25分钟，放凉。

组合与完成

◆1个份

镜面果胶	适量
莱姆果皮	适量
草莓	4个
覆盆子	3个
红醋栗	2个
开心果	1.5个
银箔	适量

1. 空烧好的甜面团中倒入覆盆子奶油馅，放凉使之凝固。
2. 镜面果胶中放入适量的莱姆果皮碎末，搅拌均匀，涂在莱姆轻奶油馅的表面。
3. 将2脱模后放在1上面，再放上草莓、覆盆子、红醋栗、开心果和银箔。

真嗣蛋糕
L'ATELIER DE MASSA

用法国的果泥呈现
传统的法式风味

在知名甜点坊"Lecomte"修业后上田真嗣主厨远赴法国，在巴黎、里昂的甜点坊和米其林三星餐厅工作，学会法式甜点的传统技法与基础后，为了传达出巴黎甜点的标准风貌，在日本创作出罕见且崭新的甜点。

2014年夏天的新作"变色龙"也是在法国学到的甜点。在甜面团上放了覆盆子和莱姆两层慕丝，名称由来是因为会随季节改变风貌。"在法国，季节交替时期水果的产量很不稳定，店家就会替换成各种水果。"上田主厨表示，夏天用芒果和百香果，冬天用栗子和巧克力等，主厨会自由组合来制作甜点，当中，他最喜欢的就是夏季时令水果覆盆子和莱姆的组合。"分开吃会觉得很酸，两层同时吃刚刚好，绝妙的组合令人感动。"

为了重现法国的原汁原味，果泥类一律采用法国BOIRON公司的产品。为了让下面的覆盆子奶油馅的酸甜度更深邃，在覆盆子果泥中加入了草莓果泥，而且不放鲜奶油和牛奶，将莓果浓郁的酸甜味表现出来。上面的莱姆轻奶油馅也是用莱姆果泥取代牛奶。最后放上八分发泡的鲜奶油，增加轻盈度与滑润感。最后涂抹的镜面果胶中加了莱姆果皮，令莱姆轻奶油馅的乳黄色中点缀着莱姆的绿，美丽引人注目。

仔细调整温度，
让成品呈现最佳状态

甜面团带点微甜且口感酥脆，与酸酸甜甜的慕丝极对味。将塔皮铺进塔圈时，要将底部的边角铺出来，之后倒入的覆盆子奶油馅才能漂亮地呈现。

制作覆盆子奶油馅时，为了避免烧焦，加热之前要先将覆盆子和草莓的果泥、全蛋、蛋黄、细砂糖全部混合好。这个时候不必打至发泡，因为发泡后有空气，导热就变慢了。

材料混合好后就用大火煮沸，然后拿离火源，将吉利丁和黄油混拌进去，此时最好使用手持电动棒，因为黄油的分量多，如果不充分拌匀，放入冰箱凝固后口感会变得粗糙。此外，加热后放入黄油会使其变黏稠而不易搅拌。若能把握住这个要领来混拌黄油，就能拌出入口即化的口感了。

莱姆轻奶油馅的重点在于"轻"。既然要做出轻盈的口感，制作方式当然非常重要了。这里使用的是玉米粉，质地比低筋面粉更细，因此易煮熟，不然吃起来会粉粉的。

待奶油馅材料和蛋白霜的温度都接近人体体温时，再一起搅拌。奶油馅太冷会变硬，这是因为黄油分离的缘故，而且太硬会难以与柔软的蛋白霜拌匀，导致打发好的蛋白霜软塌，因此必须谨慎地控制温度。

上田主厨表示，今后想多做一些法国风味强烈的个性化甜点。"甜的就甜，酸的就酸，味道鲜明最好，但小朋友和老年人不太容易接受。我希望能慢慢提升大家对法式甜点的认识，将它的美味传达出来。"

猫头鹰甜品
Pâtisserie Shouette

店东兼甜点主厨　水田 亚由美

开心果
开心果白巧克力
香堤鲜奶油
开心果慕丝
柠檬奶油馅
杏仁奶油馅
开心果
甜面团

这是由法式甜点的基本款"柠檬塔"改良而成的创意作品。柠檬奶油馅中放入了开心果慕丝，再盖上加了白巧克力的香堤鲜奶油。甜面团里面的开心果奶油馅中，也是掺进了自家制作的柠檬果酱和开心果，呈现出统一感。最后用圆润的香堤鲜奶油包裹住柠檬的酸味与开心果的香气。

塔的千变万化

水果塔
＊甜面团
→P.156

无花果塔
＊甜面团
→P.157

香豆塔（tonka）
＊巧克力甜面团
→P.164

塔皮

将甜面团烤至用叉子就能轻易切开的程度。空烧后倒入的开心果奶油馅中掺进了柠檬果酱，再放入切成粗粒的开心果，让口感变得不一样。

模具尺寸：直径6.5cm、高1.5cm

将清爽的柠檬香与开心果
温柔地合二为一

西西里

490日元（约人民币28元）（含税）
供应期间　全年

材料与做法

西西里

甜面团

◆直径6.5cm、高1.5cm的空心模约100个份

发酵黄油	500g
糖粉	300g
全蛋	3个
低筋面粉（日清制粉"VIOLET"）	1050g

1. 将呈发蜡状的黄油和细砂糖放入搅拌机中搅拌，要将空气拌进去。将蛋放入搅拌，然后将过筛好的低筋面粉放入轻轻搅拌。将面团整理成形后放入冰箱冷藏1天以上。

杏仁奶油馅

◆42或43个份

杏仁粉	300g
糖粉	300g
发酵黄油	300g
全蛋	300g
低筋面粉（日清制粉"VIOLET"）	50g
奶油奶酪粉（日本高梨乳业）	50g
柠檬果酱*	150g

*柠檬果酱（备用量）

柠檬果实	适量
细砂糖	与柠檬果实等量

1. 将柠檬果实放射纵切后横切成薄片，放入水中煮沸，捞出浮末，煮至变软。
2. 熄火，放入砂糖，搅拌使之融化。

1. 混合杏仁粉和糖粉，过筛两次。放入呈发蜡状的黄油中，用搅拌机将空气搅拌进去。放入蛋，打至发泡。
2. 混合低筋面粉和奶酪粉，过筛两次，放入1中。掺进柠檬果酱。

柠檬奶油馅

◆备用量（每个使用20g）

蛋黄	4个
细砂糖	400g
全蛋	4个
柠檬汁	200mL
无盐黄油	200g
47%鲜奶油	适量

1. 将蛋黄和细砂糖打发至泛白。和全蛋、柠檬汁一起放入锅中，用小火煮至呈浓稠状。放入黄油，过滤。
2. 将柠檬奶油馅和等量的九分发泡鲜奶油混合在一起。

开心果慕丝

◆80个份

蛋黄	4个
细砂糖	80g
牛奶	300g
吉利丁片	9g
开心果糊	85g
42%鲜奶油	350g

1. 将蛋黄和细砂糖打发至泛白。将煮沸的牛奶倒入搅拌，再倒回锅中，加热至82℃，熄火。
2. 将泡软的吉利丁放入1中，再放入开心果糊搅拌，然后放在冰水中冰镇。
3. 待2呈浓稠状后混进八分发泡的鲜奶油。倒入直径3cm的半球形模具中，放凉使之凝固。

开心果白巧克力香堤鲜奶油

◆30个份

30%白巧克力	80g
38%鲜奶油	280g
开心果糊	10g

1. 在煮沸的鲜奶油中放入切碎的白巧力，使之乳化，再与开心果糊拌匀，放入冰箱冷藏1天。
2. 将1放在冰水中冰镇，同时打至八分发泡。

铺塔皮与烘焙

1. 将甜面团用擀面棍擀成2mm的厚度，用直径9cm的空心模切割塔皮。
2. 在直径6.5cm、高1.5cm的空心模内侧薄涂一层无盐黄油（分量外），再将1铺进去。
3. 放入上下火皆为175℃的烤箱中烤20分钟。

组合与完成

开心果	适量

1. 空烧好的甜面团中放入开心果奶油馅，放至半满，再撒上2个开心果分量的碎粒。将剩余的开心果奶油馅放入，然后用180℃的烤箱烤20分钟。
2. 在1上面薄涂一层柠檬奶油馅，再放上开心果慕丝，然后像要盖住慕丝般挤上柠檬奶油馅，用奶油刀抹平。放入冰箱冷冻。
3. 待完全凝固后，将开心果白巧力香堤鲜奶油装进挤花袋中，用直径6mm的挤花嘴呈漩涡状挤上去。上面和四周撒上开心果碎粒。

猫头鹰甜品
Pâtisserie Shouette

以水果原味为主角，表现多彩多姿的风味

在日本东京的甜点坊修业过的水田亚由美主厨表示："在关西，好像轻飘飘且不甜的生果子比较受欢迎，但塔就另当别论了。"

水田主厨对塔的见解是——它的魅力在于可以随季节来变换搭配的水果，感觉就完全不一样了。秋天就放苹果和红薯，而如果是巧克力塔，就在杏仁奶油馅里面放榛果。总之，塔可以说是男女老幼通吃的甜点。

为了让所有人都能吃得津津有味，特意将甜面团烤得用叉子也能轻松切开。同样，搭配塔皮的水果也要用心处理，不能吃下去的部分绝不放上去，例如，葡萄要去皮、草莓要去蒂，让人用一根叉子就能全部吃光。

"塔的目的就是要让大家更美味地吃水果。"基于这个考虑，水果原则上都不加工，直接使用新鲜的，也不涂抹镜面果胶和镜面酱。如果水果本身甜度不够会撒上糖粉，但只有在季节尾声才会如此，水田主厨一般只使用时令水果。

以水果为主角，因此搭配的奶油馅不能太抢风头。这款塔的做法是，混合卡仕达奶油馅和香堤鲜奶油，做成浓郁但轻盈的奶油馅后，大量地放在塔中间。

杏仁奶油馅采用传统的温和配方，而杏仁粉则采用不容易出油且杏仁香气十足的产品。

水田主厨的宗旨是，塔皮是为了盛装水果，因此味道不能太突出。话虽如此，"但是，不甜不等于减少糖粉。"她进一步表示："如果糖分放得太少，油脂会跑到表面，就会显得厚重了。因此要在配方中取得平衡，找出最佳表现方式。"

设计出与柠檬和开心果对味的杏仁奶油馅

"西西里"是水田主厨想将法国基本甜点"柠檬塔"改良成自己的风格而开发出来的派塔。一般是在甜面团里放入柠檬奶油馅，再覆盖蛋白霜或镜面果胶，酸味强烈，但水田主厨是搭配由开心果和白巧克力做成的香堤鲜奶油，口感温和。

主要的柠檬奶油馅使用了大量的柠檬汁而口味清爽，而且在浓稠状的奶油馅上，加入了九分发泡的香堤鲜奶油，做出恰好的口感。

将开心果做成慕丝，放在柠檬奶油馅的中间。最外侧裹上白巧克的香堤鲜奶油，制造多层次的好滋味。

为了与柠檬奶油馅和开心果更搭，水田主厨对杏仁奶油馅做了些改良。她在杏仁奶油馅中放入用柠檬自制的果酱来增加酸味，而且将开心果切成粗粒后直接放入，让人能"吃出开心果"来，还混合了含水分较少的奶油奶酪粉，于是完成这款奶酪风味若隐若现的杏仁奶油馅。

水田主厨每年都会拜访法国各地，研究地方性甜点。如同这款"西西里"所呈现的，她擅长吸收传统法式甜点和现代甜点的优势，创作出日本人也很容易接受的甜品。其中有一款改良自巴斯克蛋糕，再冠以地名的"铃悬巴斯克"，就是店里的招牌甜点之一，里面放了日本丹波产的栗子和黑豆，已经成为日本三田市的地方特产了，其实也可视为一种新式的派塔。

礼待甜品
pâtisserie
accueil

店东兼甜点主厨　　川西 康文

- 榛果咖啡脆饼
- 可可粉
- 咖啡香堤鲜奶油
- 榛果咖啡海绵蛋糕
- 甘那许
- 咖啡焦糖薄片
- 甜面团

将香气袭人的危地马拉产咖啡豆研磨成粗粒状，掺进香堤鲜奶油中，再大量地放在塔皮上。甜面团底部也铺上了咖啡风味的海绵蛋糕，整块塔吃起来就像在喝咖啡一样。塔皮里倒入了甘那许，再装饰咖啡和榛果做成的脆饼。这样的组合方式，展现出卓越的均衡感。

塔的千变万化

杏桃塔
＊甜面团
→P.159

巧克力塔
＊巧克力甜面团
→P.162

杏仁塔
＊甜面团
→P.167

谈话塔
＊咸面团
→P.173

塔皮
像要发挥容器的功能般，选择更强的配方做成甜面团。塔皮为稍厚的2.8mm，铺进塔模后先冷冻起来使之收紧，再切掉多余的部分。

模具尺寸：直径7.5cm、高1.5cm

以大胆的苦味与香气，
创造出"吃的咖啡"

危地马拉

500日元（约人民币29元）（不含税）
供应期间 全年

材料与做法
危地马拉

甜面团

◆直径7.5cm、高1.5cm的空心模 约250个份

无盐黄油（日本高梨乳业）	1600g
糖粉	1050g
低筋面粉（小田象制粉"La·Neige"）	2630g
全蛋	520g
杏仁粉	400g
盐	30g

1. 将糖粉放入呈发蜡状的黄油中，用手持电动搅拌器搅拌，再将过筛后的低筋面粉和其他材料放入，搅拌至看不见粉状，但不要搅拌过度。用手将面团整理成形，放入冰箱冷藏1天。

甘那许

◆备用量

61%巧克力（日本VALRHONA公司"EXTRA BITTER"）	500g
35%鲜奶油	600g
水饴	60g
转化糖浆	100g

1. 锅中放入巧克力，加热至40～50℃，使之融化。
2. 将水饴和转化糖浆放入鲜奶油中搅拌并煮沸。
3. 将2分3次放入1中，搅拌至完全乳化。

咖啡焦糖薄片

◆约40个份

榛果	20g
咖啡豆（危地马拉产）	20g
35%鲜奶油	40g
无盐黄油（日本高梨乳业）	80g
细砂糖	80g

1. 将榛果、咖啡豆磨成粗粒。将所有材料混合后放入冰箱冷藏1天。
2. 倒入直径5cm的空心模中，形成极薄的一层，用150℃的烤箱烤8～10分钟。

榛果咖啡海绵蛋糕

◆60cm×60cm的烤盘 1盘份

全蛋	4个
细砂糖	160g
低筋面粉（小田象制粉"La·Neige"）	125g
榛果粉（带皮）	40g
即溶咖啡	4g
咖啡精	4g
无盐黄油（日本高梨乳业）	20g
糖酒液*	适量

*糖酒液（备用量）

水	250g
咖啡豆（危地马拉产）	15g
细砂糖	40g
咖啡精	4g

1. 将分量中的水煮沸，熄火后将磨成粗粒的咖啡豆放入，静置3分钟。
2. 过滤后将细砂糖和咖啡精放入搅拌。

1. 将蛋和细砂糖打发至泛白。
2. 将混合后过筛的低筋面粉放入1中，再放入榛果粉、即溶咖啡和咖啡精，用打蛋器搅拌。
3. 将呈发蜡状的黄油放入2中搅拌。
4. 倒入烤盘中，用190℃烤箱约烤7分钟。用直径5cm的空心模切割塔皮，浸泡在糖酒液中，放入冰箱冷冻。

咖啡香堤鲜奶油

◆约12个份

40%鲜奶油	325g
咖啡豆（危地马拉产）	17g
香草豆荚	1/4根
细砂糖	42g
即溶咖啡	8g
吉利丁片	4g
马斯卡彭奶酪	70g

1. 将磨成粗粒的咖啡豆、从香草豆荚刮出的香草豆连同豆荚，一起放入鲜奶油中，表面用保鲜膜密封，放入冰箱冷藏1天。
2. 将细砂糖、即溶咖啡放入1中煮沸。熄火后放入泡软的吉利丁使之融化，然后过滤。
3. 放入马斯卡彭奶酪搅拌，用冰镇的方式急速冷却，再放入冰箱冷藏1天。
4. 组合之前用搅拌器高速搅拌至变硬。

榛果咖啡脆饼

◆约80个份

榛果	250g
糖浆（30°Bé）	25g
咖啡精	5g
即溶咖啡	1.5g
糖粉	150g

1. 将切成粗粒的榛果与其他材料一起混合。
2. 放入160℃的烤箱约烤15分钟。烘烤过程中打开烤箱拿出来搅拌一下，再放回继续烘烤。烤完后用手捏成大块。

铺塔皮与烘焙

1. 将甜面团用压面机压成2.8mm的厚度，用直径10cm的空心模切割塔皮，然后铺进直径7.5cm、高1.5cm的空心模里，放入冰箱冷藏15～20分钟。
2. 用刀切掉烤模上多余的塔皮，将60g的塔石全部铺上去，放入160℃的对流烤箱中烤15分钟，拿出来放在常温中自然降温。

组合与完成

◆备用量

61%巧克力（日本VALRHONA公司"EXTRA BITTER"）	250g
可可脂	125g
可可粉	适量

1. 混合巧克力和可可脂后使之融化，用刷子在甜面团的内侧薄涂一层。
2. 将甘那许铺进1中，约铺1/3满，再撒上5g弄碎的咖啡焦糖薄片，放上榛果咖啡海绵蛋糕，将甘那许装入套上挤花嘴的挤花袋中，挤满整个塔。
3. 将咖啡香堤鲜奶油装进挤花袋中，用11号的星形挤花嘴呈漩涡状高高挤上去。撒上可可粉。
4. 放上5或6个榛果咖啡脆饼和1片咖啡焦糖薄片。

礼待甜品
pâtisserie accueil

塔皮是盛装馅料的"容器"

2014年6月开业的"pâtisserie accueil",是曾在日本大阪名店"中谷亭"担任3年副主厨的川西康文主厨所开设的店。展示柜里陈列的甜点,会令人联想到以巧克力系甜点知名的"中谷亭",颇具时尚感。

川西主厨表示:"可能无意中受到影响吧,店里多半都是巧克力系的甜点。我一直以不太做装饰、味道很简单,让人一吃就懂的甜点为目标。"组合的材料只有两种,最多3种,例如巧克力,会挤进伯爵茶或覆盆子里。正因为是基本款,更需要品味。"我一直在思考,传统的组合到底可以做到什么程度。"

"危地马拉"是一款由咖啡和榛果组合而成的塔。川西主厨表示,当他起了一个"想做出像是在吃咖啡的甜点"这个念头时,脑中浮现的并非基本款"剧院蛋糕",因为他要的不是咖啡风味的甜点,而坚持要有吃咖啡的感觉。不过,这款塔的组成很简单,就是将不甜的甘那许倒入偏硬的甜面团中,再放上大量的内含苦咖啡的香堤鲜奶油而已。

事实上,这款塔的塔底撒满了裹有巧克力且带咖啡味的焦糖薄片,还铺进了咖啡和榛果做成的海绵蛋糕,糖酒液中也加入了浓浓的咖啡味,起到画龙点睛的效果。藏了这几个看不见的绝招在里面,就让味道更深邃了。咖啡香堤鲜奶油中虽然放了马斯卡彭奶酪让味道更浓郁,但从外观完全看不出有奶酪的感觉。外观很简单,没有繁复的重叠,但所有技巧融合为一,让顾客一吃就知道是咖啡。最后装饰上去的脆饼和焦糖薄片也都内含咖啡,加强"吃咖啡"的印象。此外,咖啡是选择咖啡味浓郁的危地马拉产咖啡豆。

关于塔,川西主厨是将生果子和烧果子视为不同的两种甜点。生果子型的塔是用来盛装不能独立的材料,是一种可食的"容器",例如盛装柔软的奶油馅或水分多的食材。"将馅料装进容器里,自然会从上往下吃,而塔可以整个吃完,好处就是可以计算出吃进去的分量。"

因此,这款塔的甜面团采用够强、够厚、能耐得住馅料重量的配方。铺塔皮时也必须谨慎,要让塔皮"咻"地掉进模具般,铺至底部,但不能按压得太过分。铺好后先放入冰箱冷冻,待塔皮收紧后再切掉多余的部分。

对于烘烤类型的传统甜点也倾注心力

烧果子型的塔就更简单了。川西主厨对烧果子的要求是"粗犷、新鲜、烘烤、朴素且坚固"。他将传统法式甜点以最基本的配方重现,并且像法国的甜点坊般直接摆出来销售。虽然店内并未销售生果子型的水果塔,但一定会有烘烤型的水果塔。

对于店内的"谈话塔",川西主厨表示:"糖衣很难割得漂亮,一再试做后总算成为店内的招牌甜点了。"他暂时不打算改良,会依照传统的配方来制作。

由于近期刚开店,目前无暇顾及开发新作。"生果子型的水果塔,我总觉得'不对吧?'而不打算制作,但会不断增加各种烧果子型的塔。目前正在努力加油中。"

111

越时甜品
PATISSERIE
LES TEMPS PLUS

店东兼甜点主厨　　熊谷 治久

塔的千变万化

香蕉塔
＊甜面团
→P.160

杏桃塔
＊甜面团
→P.161

白奶酪塔
＊甜面团
→P.165

苹果塔
＊脆皮面团
→P.171

巴斯克蛋糕
＊巴斯克面团
→P.176

糖粉

杏仁奶油馅

甜面团

"随心所欲＝爱怎样就怎样"，以此命名的这款塔，是用制作饼干、海绵蛋糕等剩下的面团做成的。话虽如此，坚持只使用杏仁（粉）所做的面团，味道深邃，再加上混合了杏仁奶油馅与糖渍苹果泥做成的杏仁糕饼屑，滋味湿润且丰富。厚度4.5mm的甜面团，口感酥脆怡人，与糕饼屑绝搭。

塔皮

使用西班牙MARCONA种杏仁做成独家的杏仁糖粉，再以此杏仁糖粉做成甜面团，且顾及与糕饼屑的平衡而擀成4.5mm的厚度，特色在于嚼劲十足又滋味深邃。

模具尺寸：底部直径12.5cm、上面直径14cm、高3.5cm

用稍厚的甜面团盛装糕饼屑
多彩的风味与口感

随心所欲塔

1080日元（约人民币63元）（含税）
供应期间 全年

材料与做法

随心所欲塔

甜面团

◆底底部直径12.5cm、上面直径14cm、高3.5cm的蛋糕模具 24个份

无盐黄油（日本高梨乳业"特选北海道元盐黄油"）……………1000g
盐……………………………………7.5g
细砂糖………………………………150g
全蛋…………………………………4个
蛋黄…………………………………4个
杏仁糖粉
　杏仁（西班牙产MARCONA种）
　……………………………………450g
　细砂糖……………………………450g
低筋面粉（日清制粉"VIOLET"）
　……………………………………1500g

1. 搅拌盆中放入黄油、盐、细砂糖，用电动搅拌器视搅拌状况低速或中速充分搅拌。
2. 全蛋和蛋黄打散后，分3或4次加入1中搅拌。
3. 混合杏仁和细砂糖，用滚轮碾碎3次，做成杏仁糖粉，放入2中拌匀。
4. 将低筋面粉放入，搅拌至看不见粉状。用刮板将全体整理成形，然后用保鲜袋包起来，放入冰箱冷藏1晚。

杏仁糕饼屑

◆6个份（1个份350g）

杏仁奶油馅＊1………………850g
糖渍苹果泥＊2………………425g
杏仁面团（利用剩余的面团）
　……………………………………850g

＊1 杏仁奶油馅
（备用量）
无盐黄油（日本高梨乳业"特选北海道无盐黄油"）……………………250g
细砂糖………………………………250g
杏仁粉………………………………250g
全蛋…………………………………250g

1. 将细砂糖放入回软的黄油中，用打蛋器搅拌，不要打至发泡。
2. 将杏仁粉放入，打至稍微含有空气的泛白状态。
3. 将打散的蛋分3或4次放入，拌匀。

＊2 糖渍苹果泥
（备用量）
糖浆（18°Bé）………………适量
苹果…………………………………1000g
细砂糖………………………………150g
无盐黄油（日本高梨乳业"特选日本北海道无盐黄油"）……………12.5g

1. 苹果去皮、去核，呈放射状纵切成8等份，然后和糖浆一起入锅，煮至可用竹签刺穿的程度。
2. 用食物调理机打碎。
3. 将2的糖浆沥干后放回锅中，放入细砂糖，煮至用有洞的勺子按压也不会出水的程度后熄火，将黄油放入搅拌，倒入方形平底盘中稍微散热。

1. 混合杏仁奶油馅和糖渍苹果泥，再将杏仁面团放入，轻轻搅拌。

铺塔皮与烘焙

纯糖粉……………………………适量

1. 将松弛1晚的甜面团用擀面棍擀成厚度4.5mm。将底部直径12.5cm、上面直径14cm、高3.5cm的蛋糕模具倒扣，割出大于模具的大四方形塔皮。
2. 将塔皮贴紧蛋糕模具铺进去，放入冰箱冷藏至塔皮变冷。将多出模具的塔皮切掉，在底部戳洞。将杏仁糕饼屑倒满模具，表面无需抹平，让中央隆起如小山的形状。
3. 放入上下火皆为180℃的烤箱中烤35分钟。
4. 从烤箱中拿出来，在表面撒上糖粉，再次放入烤箱中，约烤5分钟。

PATISSERIE LES TEMPS PLUS

在各种杏仁面团中加入水果，做成糕饼屑

烘烤后用模具割下来的多余面团、整理形状后剔除的边角料等，"随心所欲塔"就是利用这些剩余的面团所做成的一款塔。

"因为不想浪费这些好吃的面团。但也不是什么面团都可以，我只使用杏仁做成的味道很棒的面团。"熊谷治久主厨说。

塔里面的杏仁糕饼屑的配方是，混合了杏仁奶油馅与自家制作的糖渍苹果泥，再加上用杏仁粉和杏仁膏做成的海绵蛋糕、饼干等的面团。重点在于不搅拌均匀，只是快速混拌一下，才能享用到各种不同的口感。

"我有时会放入坚果、水果等，有时也会抹上果仁糖、杏桃果酱，总之我想将面团的各种表情展现出来。"

杏仁奶油馅所使用的杏仁粉是自家研磨制成的。由于是自家制作，可以改变杏仁的品种，也可以带皮或去皮，更可以视应用状况调整研磨的次数来改变颗粒的大小，最重要的一点就是新鲜。

糖渍苹果泥是用18°Bé的糖浆，将苹果煮软后用食物调理机打碎，沥干糖浆后，与细砂糖一起放入锅中，再次煮至收汁后熄火，拌进黄油，就完成了甜中带苹果的酸与黄油浓郁香的糖渍苹果泥了。

除了这个糖渍苹果泥，也会配合时不时剩余的杏仁面团种类而放入杏桃或香蕉。果然是"随心所欲"，顾客表示每次都能吃到不同的滋味。

4.5mm厚的甜面团，既是容器又是主角

这里的甜面团，既是杏仁奶油馅的容器，也是这款塔的主角。

"我把它做得更厚重一点，才能盛装口感湿润且味道多层次的奶油馅。做出酥松的口感，和奶油馅形成对比。"于是塔皮的厚度有4.5mm，相较于店里其他塔类的标准塔皮厚度2.5mm，足足厚了将近两倍。

不过，由于在材料和做法上下了功夫，成品并不会太重或太硬，而是嚼劲适当且美味十足。

黄油是选择熊谷主厨偏爱的日本高梨乳业的特选北海道黄油。在黄油回软后放入盐和细砂糖充分搅拌，再将打散的全蛋和蛋黄分3或4次拌进去，最后放入杏仁糖粉。杏仁糖粉所使用的杏仁粉也同样是自家制作的，使用味道与香气都很棒的西班牙产MARCONA种杏仁，与细砂糖混合后用滚轮研磨3次。

"如果磨得太均匀且太细，做出来的面团会太紧，口感就会变重、变硬。我想保留适当的口感，就磨得粗一点。"熊谷主厨说。

最后加入低筋面粉搅拌时，如果用力搓揉，烤出来的塔皮会太干太脆，因此只要拌至看不见粉状即可。将塔皮铺进塔模时要贴紧，不要出现空隙，然后仅在底部用叉子戳洞。

每一块塔放入350g的糕饼屑，将表面堆成山形后放入烤箱烘烤。约烤35分钟后拿出来，在表面撒上糖粉后再烤5分钟左右。由于表面凹凸不平，有些糕饼屑和糖粉会烤焦，但这也正好呈现出"随心所欲"的妙味了。

疯狂时代
Pâtisserie
Les années folles

店东兼主厨　　菊地 贤一

塔的千变万化

柠檬塔
＊甜面团
→P.158

利穆赞克拉芙缇
＊甜面团
→P.167

洛林法式咸派
＊咸面团
→P.173

巴斯克蛋糕
＊巴斯克面团
→P.176

水果塔
＊酥皮纸（filo pastry）
→P.176

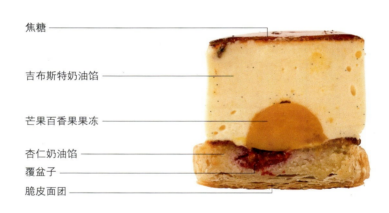

焦糖
吉布斯特奶油馅
芒果百香果果冻
杏仁奶油馅
覆盆子
脆皮面团

口感酥脆爽快的脆皮面团里，放入了杏仁奶油馅和覆盆子后烘烤。将盈满香料芬芳的芒果百香果果冻放吉布斯特奶油馅中，再放在塔上面，非常适合夏天享用。吉布斯特奶油馅中放入了百香果泥来增添酸味，而且用马达加斯加产的香草来提升香气。而藏在塔皮中的覆盆子酸味，也是让这款塔更有个性的亮点。

塔皮
用特别下功夫的混拌方法，制作出带有轻盈感的脆皮面团。里面放了杏仁奶油馅和覆盆子，烤至上色，烤出清爽的口感。

模具尺寸：直径6.5cm、高2cm

内藏带香料芬芳的果冻，
让百香果吉布斯特更有个性

百香果吉布斯特

500日元（约人民币29元）（不含税）
供应期间 夏季

117

材料与做法

百香果吉布斯特

脆皮面团

◆直径6.5cm、高2cm的塔圈 6个份

无盐黄油（森永乳业）……120g
A ┌ 低筋面粉……100g
　├ 盐……0.4g
　└ 细砂糖……4g
香草豆荚……少量
B ┌ 全蛋……23g
　└ 水……30g

1. 将黄油冰好后切成2cm小丁状。
2. 搅拌盆中放入混合过筛好的A，再将1和香草豆荚放入，用低速搅拌。
3. 将B全部倒入2中，用低速搅拌至剩余一点点粉状时停止，拿出搅拌盆，将面团放入方形平底盘中，用保鲜膜密封，放入冰箱冷藏2小时以上。

杏仁奶油馅

◆3个份

无盐黄油（森永乳业）……20g
细砂糖……18g
全蛋……20g
杏仁粉……24g

1. 搅拌盆中放入恢复常温的黄油，用低速搅拌至柔滑状态。
2. 将细砂糖放入1中，用中低速搅拌。
3. 将打散的全蛋分次放入2中，用中低速充分搅拌。
4. 将过筛好的杏仁粉放入3中，低速搅拌。

吉布斯特奶油馅

◆直径5.5cm、高5cm的空心模 6个份

意式蛋白霜
┌ 水……50g
├ 细砂糖……50g
└ 蛋白……66.6g
蛋黄……36g
细砂糖……3.3g
低筋面粉……11.6g
牛奶（日本高梨乳业）……67g
香草豆荚（马达加斯加产）……1/8根
A ┌ 百香果泥……100g
　└ 白莱姆酒……9g
吉利丁片……4.1g

1. 制作意式蛋白霜。锅中放入水、细砂糖，煮成170℃的糖浆。钢盆中放入蛋白，搅拌至蛋白霜状，将糖浆一点一点放入，再次搅拌。
2. 钢盆中放入蛋黄、细砂糖，搅拌至泛白状态。将过筛好的低筋面粉放入，搅拌。
3. 锅中放入牛奶和香草豆荚，加热至沸腾前熄火。
4. 将3一点一点放入2中，同时搅拌。
5. 用滤网将4滤进锅中，加热，边搅拌边煮至浓稠状，熄火。
6. 将A和用冰水泡软的吉利丁放入5中，让吉利丁完全融化。将1倒入，用打蛋器轻轻搅拌，不要搅破蛋白霜。

芒果百香果果冻

◆直径3cm的半球形模具 10个份

A ┌ 芒果泥……71g
　└ 百香果泥……29g
吉利丁片……1.3g
B ┌ 芒果利口酒（三得利"Mangoyan"）……5g
　├ 百香果的种子……少量
　└ 法式综合香辛料……少量

1. 锅中放入A，煮沸。
2. 将用冰水泡软的吉利丁放入1中，搅拌使之完全融化。
3. 将B放入2中，搅拌。倒入模具中，急速冷冻。

铺塔皮与烘焙

覆盆子……1个塔放2个

1. 准备要使用的分量且松弛好的脆皮面团，用手揉至完全看不见粉状。用压面机压成2mm的厚度，再用直径8cm的圆形模切割塔皮。铺进直径6.5cm、高2cm的塔圈中，倒入24g的杏仁奶油馅，再放上覆盆子，轻压进去。用170～180℃的对流烤箱约烤15分钟。脱模，稍微散热。

组合与完成

细砂糖……适量
装饰巧克力……适量

1. 将直径5.5cm、高5cm的空心模放在烤好的塔皮上，再放入芒果百香果果冻。将吉布斯特奶油馅倒满模具，放入冰箱冷冻3小时以上，使之凝固。
2. 将1从模具中取出来。撒上细砂糖，用瓦斯喷枪炽烤成焦糖，再放上装饰巧克力。

Pâtisserie Les années folles

脆皮面团的口感，
关键在于面团的混合与烘焙方式

菊地贤一主厨表示，理想的以及他个人偏好的塔皮是"吃起来有酥松感，还有一点点咸。"这次介绍的"百香果吉布斯特"的塔皮是选择脆皮面团，并且做出清爽的嚼劲。而使用百香果泥做成的吉布斯特奶油馅，酸味和香气十足，中间放入有香料芬芳的芒果百香果果冻，独特的风味让这款塔更具个性。此外，吉布斯特和慕丝不同，它入喉非常轻盈，因此使用5cm高的模具，刻意使其比例多一些，就能让浓郁的香气在口中扩散开来。

将脆皮面团做出酥松口感的要诀是，不要完全搅拌均匀，要保留一点点粉状。将黄油与面粉用低速轻轻搅拌后，将全蛋和水全部放入，再用低速混拌。此时，搅拌至还剩余一点粉状时就要停止，放入冰箱冷藏2小时以上。将面团整理成形后，为了尽量不给面团造成负担，铺塔皮时每次都只拿出要使用的量即可，用手揉面团时将还有粉状的部分揉匀，但动作要快，不要让手温传到面团上。

此外，要制作出理想的口感，脆皮面团的烘烤方式也很重要。将塔放入170~180℃的对流烤箱中烘烤15分钟，差不多烤至塔皮呈褐色，就能烤出爽快的口感了。烤至上色除了增加口感之外，还能增添香气，自然美味加倍。

"这次是脆皮面团搭配吉布斯特奶油馅，但我也推荐马卡龙和甘那许。脆皮面团有略微的咸味，与甜腻的蛋奶酱超级搭。"菊地主厨表示，塔皮的种类应考虑整体的滋味与口感而做不同的搭配，如果选择脆皮面团或咸面团，整个塔吃完会让人觉得黄油味不足，换成千层酥皮面团试试看。

厚度增加0.5mm，
提高塔皮的防水性

此外，菊地主厨对塔皮的厚度也很讲究。"百香果吉布斯特"所使用的脆皮面团，由于蛋奶酱的水分很少，就将塔皮的厚度做成2mm，如果蛋奶酱的水分多，就一次增加0.5mm，改成厚度2.5mm或3mm。"水果塔"（P.176）是将3张酥皮纸重叠，厚度刚好可以吃出酥脆的口感，而且防水性也提高了。此外，厚度也关系到吃起来是否方便。例如"洛林法式咸派"（P.173）就做得很薄，只有1.5mm，正好方便和馅料一起吃，味道也非常均衡。

塔皮所使用的无盐黄油，菊池主厨也有5种选择，从香气浓郁的法国产发酵黄油、简单的黄油，到接近法国黄油的日本产黄油，可视情况灵活运用。

"我会根据塔上面的材料特性，或者以哪个材料为主角来选择黄油。如果想充分发挥黄油的风味，就使用发酵黄油；如果要配合主角，例如这个'百香果吉布斯特'，或是选择香气很棒的桃子奶油馅，使用发酵黄油做成的塔皮，它的发酵香气就会盖掉材料的香气了。"换言之，菊池主厨总是备齐所有严选出来的材料，再视甜点主角的特性，来选择塔皮的种类及搭配的材料。

米拉唯乐蛋糕
Pâtisserie Miraveille

店东兼主厨　　妻鹿　佑介

塔的千变万化

柠檬塔
∗甜面团
→P.158

厄瓜多尔
∗甜面团
→P.162

开心果樱桃塔
∗甜面团
→P.163

红桃塔
∗甜面团
→P.163

大黄塔
∗咸面团
→P.170

- 装饰巧克力
- 肉桂粉
- 巧克力香堤鲜奶油
- 什锦果仁糖（杏仁、榛果、核桃、杏桃干、葡萄干）
- 香草焦糖
- 杏仁甜面团

配方丰富的甜面团中，倒入了香草风味的焦糖，再搭配用牛奶巧克力制成的风味圆润的巧克力香堤鲜奶油，适合秋冬享用。将糖渍的榛果、杏仁、果干等各种材料巧妙地搭配在一起，制造出口味上的亮点。新手主厨妻鹿祐介的独特平衡感来自对细节的讲究，目前在日本京阪神地区倍受注目。

塔皮
使用杏仁膏、发酵黄油制成的甜面团，非常美味，而且口感松脆，吃完嘴里仍有杏仁的余香。追求单独吃就有令人满意的美味。

模具尺寸：直径7cm、高1.7cm

甜、苦、香、咸，
各种滋味挑逗味觉

收获

420日元（约人民币24元）（不含税）
供应期间 10月下旬～翌年2月

材料与做法

收获

杏仁甜面团

◆直径7cm、高1.7cm的塔圈 20个份

杏仁膏	80g
糖粉	110g
盐	2.2g
发酵黄油（森永乳业）	220g
低筋面粉（日清制粉"特选VIOLET"）	340g
全蛋	60g

1. 搅拌盆中放入杏仁膏、糖粉和盐，再将放置室温下回软的黄油一点一点放入，以不会拌入空气的低速，搅拌至不会结粒。
2. 将过筛好的低筋面粉全部放入，搅拌至还剩余一点粉粒的松散状态时，将打散的蛋放入搅拌。
3. 将面团整理成形，用保鲜膜包裹，用擀面棍擀成3mm的厚度，放入冰箱冷藏1晚。

香草焦糖

◆20个份

水饴	135g
香草豆荚	1/2根
细砂糖	135g
35%鲜奶油	360g
盐之花	3g
吉利丁粉（200 bloom）	3g
水	15g
低水分特级无盐黄油（雪印Megmilk）	110g

1. 锅中放入水饴和香草，加热，再将细砂糖一点一点放入，煮至融化。
2. 煮至焦糖状时，将热好的鲜奶油分次放入，煮至105℃。
3. 熄火，用滤网滤进钢盆中，将盐之花、用分量中的水泡软的吉利丁放入，搅拌均匀。将钢盆放入冰水中冰镇至38℃。
4. 将回软的黄油放入，用电动搅拌棒搅拌至完全乳化。

什锦果仁糖

◆20个份

细砂糖	90g
水	30g
A 整颗杏仁（去皮）	80g
整颗榛果（去皮）	80g
核桃	70g
杏桃（干）	50g
葡萄干	40g

1. 锅中放入细砂糖和水，加热至117℃，将A放入搅拌。
2. 待坚果煮至呈松脆状后熄火，倒入烤盘中，用170℃的对流烤箱烤12分钟。
3. 将杏桃切成约1.5cm小块状，再与2、葡萄干混合。

巧克力香堤鲜奶油

◆20个份

70%巧克力（Opera公司"Carupano"）	80g
40%牛奶巧克力	120g
35%鲜奶油	400g

1. 将巧克力融化至45℃，再放入少量且同样加热至45℃的鲜奶油，用橡皮刮刀搅拌，不必拌匀。
2. 分次加入鲜奶油，用橡皮刮刀搅拌至完全乳化。

铺塔皮与烘焙

| 全蛋 | 适量 |

1. 将松弛好的杏仁甜面团用直径9.5cm的模具切割出塔皮，再铺进直径7cm、高1.7cm的塔圈中。
2. 将1排在铺有烤盘垫的烤盘上，然后在塔皮上铺烘焙纸，再均匀地铺满塔石。
3. 放入170℃的对流烤箱中烤15分钟。拿掉烘焙纸和塔石，在塔皮内侧涂上全蛋的蛋液后继续烤5分钟。放凉后去除塔边多余的塔皮。

组合与完成

◆20个份

肉桂粉	适量
什锦果仁糖的榛果	20个
装饰巧克力*	20片

* 装饰巧克力
（备用量）
56%巧克力（Opera公司"Legato"） 200g

1. 将巧克力加热至50℃，放凉至27℃，再加热至31~32℃。
2. 将1倒入烤盘中，用奶油刀抹成薄薄一层，切成适当大小。

1. 放凉的塔皮里放入香草焦糖，再放上什锦果仁糖，然后用直径1cm的挤花嘴，将打发至八九分发泡的巧克力香堤鲜奶油挤上去。
2. 撒上肉桂粉，放上榛果和装饰巧克力。

制作适合秋冬享用的
甜面团

　　妻鹿祐介主厨在日本神户的甜点坊累积经验后远赴法国，在荣获法国国家最优秀职人奖的"Franck KESTENER"研修，回日本后不久的2011年，于日本兵库县宝冢市的住宅区开业，当时年仅31岁。

　　"塔皮可以说是主厨为了让派塔展现自我风格做出来的。"妻鹿主厨表示，这款"收获"起初并非真的想做成塔，而是做秋冬风情的小糕点时，在过程中决定使用这个杏仁风味的甜面团做成塔皮。

　　关于甜面团的配方，自开店伊始，妻鹿主厨就有自己的独到见解："单独烤来吃吃看，如果好吃，我就用它来做。"这个配方使用了杏仁膏，感觉口味会很浓郁，结果入口却意外地轻脆，且杏仁的余韵会在口中缭绕。

　　原本这个"收获"是由百香果、焦糖和牛奶巧克力组成的夏季风派塔，妻鹿主厨想将它升级成适合秋冬享用，于是研发出这个创新版本。取代百香果的是裹上彷佛秋冬糖衣的杏仁果、榛果、核桃、杏桃干和葡萄干，每一种都很独特，因而整体滋味鲜明。此外，在焦糖、巧克力香堤鲜奶油、杏仁甜面团等各个细节的完成度都非常高，才成就这款塔的诞生。

　　由于这款面团很难整理成形，因此妻鹿主厨下了一点功夫。为了不伤害面团，他把面团用保鲜膜包裹起来，并在两侧放上厚度3mm的辅助器，然后用擀面棍擀好，放入冰箱冷藏，使之松弛。

　　为了防潮而在塔皮涂抹全蛋的蛋液。据说这样可以涂得更薄，可见他的细心。空烧完成的塔，为了美观，去掉边缘多余的塔皮。

用心让牛奶巧克力
乳化得更完美

　　填进"收获"塔皮里的焦糖、裹上糖衣的坚果与水果干、巧克力香堤鲜奶油等，其实并未特别强调出哪一种味道。妻鹿主厨制作的派塔是，香气中加入了轻微的酸味，再巧妙地转为微苦，随着一口口吃下去，会因滋味改变而觉得有趣，而且各种味道也调和得非常温和。

　　"收获"的各种滋味之所以能调和得如此恰当，是因为巧克力香堤鲜奶油中选择了风味圆润的牛奶巧克力。

　　还有一点很重要，就是左右口感的乳化方法。为了让深邃的香气留在口中，将鲜奶油加热至与巧克力相同的45℃后再放入，而且一开始只加入一点点，使其分离后才慢慢将鲜奶油放入，同时用打蛋器搅拌至完全乳化。

　　"我试着改变传统的做法，使其先分离，这样巧克力的粒子大小会一致，粒子的含水量就会增加，口感也就更滑顺了。"妻鹿主厨表示，目的就是要将香气与美味全部引出来。

　　此外，制造出隐藏式美味的另一个要诀，在于将盐之花放入香草焦糖的时机，也就是要在熄火后才与吉利丁一起放入，这样就能在每一口焦糖中都能品尝到咸味了。

　　不仅如此，装饰用的巧克力也很纤细，薄得彷佛展示柜的灯光可以照透一般，令顾客赏心悦目。这些在细节上的用心，令人肃然起敬。

阿维尼翁
Pâtisserie Avignon

甜点主厨　　佐藤 孝典

塔的千变万化

蓝莓塔
＊黄油饼干面团
→P.168

白奶酪塔
＊黄油饼干面团
→P.168

地中海塔
＊黄油饼干面团
→P.169

杏桃塔
＊咸面团
→P.171

爱之井
＊咸面团
→P.173

糖粉
奶酥
开心果杏仁奶油馅
红桃
黄油饼干面团

口感酥脆的黄油饼干面团中，搭配开心果杏仁奶油馅和法国红桃，外观极其鲜艳。甜味清爽的黄油饼干面团，与开心果杏仁奶油馅的风味、红桃的酸味完美融合，呈现出高雅的甘甜。表面放上奶酥防止干燥，并可保持杏仁面团的湿润感。

塔皮

特色在于低筋面粉与中高筋面粉的比例为1:2。使用了法国小麦做成的中高筋面粉，展现出传统派塔的口感与风味。铺进塔模后放上馅料，最后一起烘焙。

模具尺寸：直径12cm、高2cm

红桃的红与开心果的绿,
以艳丽的色彩与高雅的甜味掳获人心

红桃塔

1个1000日元（约人民币58元）（不含税）/
1片250日元（约人民币14元）（不含税）
供应期间　6月~8月

材料与做法

红桃塔

黄油饼干面团

◆直径12cm、高2cm的塔模 约20个份

无盐黄油（明治乳业）·········360g
A ┌ 盐·····························6g
　├ 糖粉··························250g
　└ 杏仁粉························85g
全蛋·······························150g
B ┌ 低筋面粉······················220g
　└ 中高筋面粉（日本制粉
　　 "Merveille"）··············480g

1. 搅拌盆中放入恢复常温的黄油，搅拌至呈发蜡状。
2. 将A放入1中，用低速搅拌，再将打散的全蛋分次放入，同时用低速搅拌。
3. 将过筛混合好的B放入2中，用低速搅拌。整理成形后放入冰箱冷藏1晚。

开心果杏仁奶油馅

◆10个份

无盐黄油（明治乳业）·········280g
A ┌ 糖粉··························300g
　└ 杏仁粉························300g
全蛋·······························300g
B ┌ 卡仕达奶油馅*···············300g
　└ 开心果糊·····················40g
低筋面粉··························50g

*卡仕达奶油馅
（备用量）
A ┌ 牛奶（日本高梨乳业）······200mL
　└ 香草豆荚（切开）···········1/5根
B ┌ 蛋黄···························50g
　└ 细砂糖························60g
高筋面粉··························20g
无盐黄油（明治乳业）···········10g

1. 锅中放入A，加热至沸腾前熄火。
2. 钢盆中放入B，搅拌至泛白，再将过筛好的高筋面粉放入搅拌。
3. 将1一点一点放入2中，再次倒回锅中，搅拌并煮至滑顺状。
4. 将黄油放入3中，搅拌至完全融化。用滤网滤进方形平底盘中，稍微散热。

1. 搅拌盆中放入恢复常温的黄油，搅拌至发蜡状。
2. 将A放入1中，用低速搅拌，再将打散的全蛋分次放入，用低速搅拌。
3. 将B放入2中，用低速搅拌，再将过筛好的低筋面粉放入，用低速轻轻搅拌，不要拌入空气。

奶酥

◆10个份

无盐黄油（明治乳业）·········100g
A ┌ 黄砂糖························100g
　├ 低筋面粉······················100g
　├ 杏仁粉························100g
　└ 盐·····························适量

1. 黄油冰好后切成约1cm小丁状。
2. 搅拌盆中放入混合过筛好的A，再将1放入，用低速轻轻搅拌。
3. 将2从搅拌机中拿出来，用手混拌，不要搓揉，而且要保留一点点粉状。
4. 用滤网过滤3，使其呈膨松状，放入冰箱冷藏1晚。

铺塔皮与烘焙

红桃（冷冻）·········每个放1或2个

1. 将松弛好的黄油饼干面团用压面机压成2.8mm的厚度，再用直径15cm的空心模切割塔皮。
2. 将塔皮铺进直径12cm、高2cm的塔模中，戳洞。每一个塔皮放入150g的开心果杏仁奶油馅，抹平。
3. 将切成适当大小的红桃均匀地放在2上面。
4. 放入160℃的对流烤箱中烤10分钟。取出后，在上面均匀地放上奶酥，再次用160℃的对流烤箱约烤30分钟。

完成

糖粉·······························适量

1. 将烘烤好的塔从模具中取出来，放在网架上稍微散热，撒上糖粉。

阿维尼翁
Pâtisserie Avignon

在塔这个容器中
"调理"红桃

佐藤孝典主厨于14~15年前到法国时，邂逅了传统且美味的派塔而感动不已。回日本后他严选食材并不断研究，力求做出滋味与口感更接近传统的派塔。"在法国时，我才知道红桃的季节很短，只在夏天的一两周内销售，所以红桃塔非常珍贵。但在日本，由于可以进口品质优良的法国冷冻红桃，因此夏季时期可以供应3个月左右。"

"红色的桃子和绿色的开心果，不论颜色还是味道都非常搭。"因此，佐藤主厨在杏仁奶油馅里放入了开心果。塔皮采用口感酥脆的黄油饼干面团，它与口感湿润的杏仁奶油馅形成反差，而且还撒上奶酥，制造出口感上的变化。

对于塔，佐藤主厨说："我想做出在塔这个容器里面调理馅料的感觉。"将塔皮铺进模具，再放入馅料一起烘烤，这种感觉就很接近"调理容器中的馅料"了。

例如这款"红桃塔"，就是直接加入冷冻的红桃后烘焙而成。烘焙时，黄油在塔皮里沸腾，煮着红桃，而且黄油的油脂与全体相融，最后整个塔的浓郁、美味和风味都提高而更加可口了。最佳赏味时机不是刚烘烤出来时，而是放置半天，让杏仁奶油馅的油脂与全体融合以后。

这款"红桃塔"的制作要诀在于烘焙方式。黄油饼干面团和奶酥的烘烤时间不同，因此后者要稍后再放上去，也就是将装了蛋奶酱和红桃的塔皮烤过10分钟后，再快速放上奶酥烘焙，这样就能吃到酥脆的口感了。

此外，烘焙过程中拿出烤盘时，必须注意不能造成剧烈撞击。如果左右摇晃或碰撞到塔，膨胀起来的塔就会凹进去。塔一旦凹陷下去，再怎么烤也不会膨胀起来，口感就会变得沉重了。

使用进口的水果，
追求传统的法式风味

"我很在意这点，一定要尽力表现出传统的法式风味。"佐藤主厨表示，"塔所搭配的水果，要尽可能使用海外生产的产品。日本产的水果水分多，很难运用在口感酥脆的塔上面。使用水分少的进口水果就不必担心湿气问题，能够表现出与黄油融合后的浓缩风味。"除了水果，佐藤主厨对面粉也很讲究，他不是使用单一的低筋面粉，而是与分量加倍的中高筋面粉混合。中高筋面粉采用日本制粉"Merveille"，它是使用法国产的小麦并且以法式研磨法制作而成。由于使用了这种面粉，口感与味道都更接近传统的法式派塔了。

除了塔皮的配方、水果的选择方式外，佐藤主厨在求新求变的过程中，特别在乎"三味一体"。三味就是"甜味、酸味、咸味"，将这三种味道均衡融合，便能催生出佐藤主厨心目中的理想滋味。例如"杏桃塔"（P.171），就是将盐面团的咸、杏仁奶油馅的甜、杏桃的酸这三种滋味融合在一起，令美味达到相乘效果。

佐藤主厨表示，塔最后都会撒上糖粉。"我不喜欢标新立异，喜欢随意地撒上糖粉，自然而然创造出有强有弱的轻松感。"连撒糖粉这个最后的步骤都用心思考，难怪这里的派塔令人倍觉温暖。甜味高雅得让人想再来一个，这就是佐藤主厨的特色了。

天平蛋糕
équibalance

店东兼主厨　山岸 修

塔的千变万化

覆盆子佐开心果塔
＊甜面团
→P.159

信州葡萄塔
＊甜面团
→P.163

栗子塔
＊甜面团
→P.164

蓝莓派
＊咸面团
→P.170

谈话塔
＊千层酥皮面团
→P.174

糖粉

糖渍无花果

焦糖饼干
杏仁奶油馅

覆盆子酱

甜面团

焦糖饼干
杏仁奶油馅

将无花果放入加了肉桂枝和香草豆荚的红葡萄酒中，腌渍一整天，再满满地摆在塔上面。无花果多汁的口感与优雅的甜味，让这款塔大受欢迎。此外，杏仁奶油馅中加了比利时焦糖饼干香料和香草原汁（Mon Reunio），因而口感浓郁，和无花果形成绝配。而杏仁奶油馅中间薄涂一层酸酸甜甜的覆盆子酱，也令人眼前一亮。

塔皮

为了制作出口感酥松的甜面团，采用了萨布蕾手法，并且加入香草原汁（Mon Reunio），芳香怡人。

模具尺寸：直径21cm、高2.5cm

综合香料的芳醇与
糖渍无花果完美结合！

红酒风味的无花果塔

1个3800日元（约人民币220元）（含税）／
1片464日元（约人民币27元）（含税）
供应期间 8月～11月上旬

材料与做法

红酒风味的无花果塔

甜面团

◆直径21cm、高2.5cm的塔模 1个份

发酵黄油（明治乳业）	150g
A 低筋面粉（日本增田制粉所"宝笠GOLD"）	250g
糖粉	100g
杏仁粉	30g
全蛋	50g
盐	2.5g
香草原汁（Mon Reunio）	1滴

1. 搅拌盆中放入冰冷的黄油和预先过筛冰冷过的A，用低速混合成细沙状。
2. 全体呈酥松状态后将全蛋、盐和香草原汁放入。
3. 混拌均匀后将面团整理成形，用保鲜袋包起来，放入冰箱冷藏1天。

糖渍无花果

◆直径21cm 约2个份

无花果	24个
A 红葡萄酒	500mL
细砂糖	500g
肉桂枝	1根
香草豆荚	1根

1. 锅中放入A，煮沸后熄火，将无花果放入，腌渍一整天。

焦糖饼干杏仁奶油馅

◆备用量

发酵黄油	250g
糖粉	200g
全蛋	150g
杏仁粉	150g
酸奶油	25g
香草原汁（Mon Reunio）	1滴
比利时焦糖饼干香料（Speculoos，DELSUR JAPAN）	5g

1. 将恢复成常温的黄油和糖粉用搅拌机慢慢混合。
2. 将打散的蛋的1/5量放入1中搅拌，再将杏仁粉的1/5量放入搅拌。这个动作重复5次，用低速搅拌，不要拌入空气。
3. 将酸奶油、香草原汁和焦糖饼干香料放入2中，全体混拌均匀后放入冰箱冷藏1天。

覆盆子酱

◆备用量

细砂糖	50g
果胶（Yellow ribbon）	1.5g
A 覆盆子果泥	500g
镜面果胶	500g
水饴	250g

1. 将一部分细砂糖和果胶混拌均匀。
2. 锅中放入A和1剩余的细砂糖，煮至沸腾后熄火，将1放入，用打蛋器约搅拌7分钟，边搅拌边煮。

铺塔皮与烘焙

◆1个份

糖渍无花果	12个
杏仁奶油馅	350g
覆盆子酱	少量

1. 甜面团冰好变硬后用压面机压成3mm的厚度，用戳洞滚轮戳出气洞。
2. 用直径24cm的模具切割塔皮。
3. 将2铺进直径21cm、高2.5cm的塔模中，必须紧密贴合。此时不要扑手粉。
4. 用圆形挤花嘴将1/2量的杏仁奶油馅薄薄地、均匀地挤到3上面，再将覆盆子酱薄薄地、均匀地挤上去。
5. 将剩余的杏仁奶油馅挤上去。然后将事先沥掉糖浆、对半切的糖渍无花果放上去。放入上下火皆为180℃的烤箱烤45～50分钟。

组合与完成

糖渍时用的糖浆	适量
糖粉	适量

1. 将糖渍时用的糖浆煮沸，涂在烤好的无花果上。
2. 稍微放凉后撒上糖粉。

天平蛋糕
équibalance

用萨布蕾手法呈现
香甜酥松的塔皮

"équibalance"于2003年在日本京都市左京区开业,2012年搬到相隔很近的白川路上,店内有琳琅满目的生果子、烧果子、巧克力等,种类丰富颇有人气。

关于制作甜点的目标,山岸修主厨表示:"就是要做出视觉、嗅觉和味觉都能满足的甜点,而且三者要达到均衡。"也就是运用材料原本的味道与口感等,再加上主厨的匠心,做出更有存在感的甜点。而这些在塔的制作过程中都能表现出来。

这里介绍的"红酒风味的无花果塔",是在每年8月~11月上旬登场的人气派塔之一,特色就在于甜面团的制作方法。甜面团的一般做法是,将砂糖放入回软的黄油中搅拌,再放入蛋黄搅拌,最后放入面粉拌成黏土状。不过,山岸主厨采用的是萨布蕾手法。

"我想做出的面团要保留甜面团的甜味,但要有咸面团酥松的口感。"

搅拌盆中放入刚从冰箱拿出来的黄油,以及冰好的低筋面粉、糖粉、杏仁粉,用低速搅拌。搅拌过程中必须密切观察,让机器小幅度地转动,搅拌至黄油块变成面包粉那样松散的状态。此时机器若转动得太快,黄油会松软,烤出来的面团口感就变了,要特别注意。将全蛋、盐、香草原汁放入搅拌。香草原汁是采用在留尼汪岛(Réunion)制造的天然香草精"Mon Reunio"。这种香草精不仅能提升香气,还能将材料的个别风味都衬托出来,制作出滋味纤细的面团。待搅拌均匀后将面团用保鲜袋包起来,放入冰箱冷藏一天。要诀在于先将所有材料冰好,制作时速度要快,不让黄油的温度上升。

将松弛了一天的面团从冰箱拿出来,立刻用压面机压成3mm的厚度,再用戳洞滚轮戳出气孔。由于放入了杏仁奶油馅,很容易加热,因此必须戳洞。

铺塔皮时,重点在于"不要给塔皮造成负担"。在20℃的凉爽室温下,将塔皮移到塔模上,迅速铺好。不要过度拉扯塔皮,像是使其自然地垂下去般,一边放下去一边使其贴紧塔模。这些理所当然的步骤都细心完成,就能烤出理想中的口感了。

使用综合式的香料,
令芳香怡人

山岸主厨偏好"放上满满的水果一起烘烤的塔",在制作时特别重视"香气",选择烘烤后香气倍增的发酵黄油。此外,还放入了黑胡椒、粉红胡椒、比利时焦糖饼干香料等。

"金桔就用粉红胡椒、芒果就用胡椒,水果和香料意外地对味。我以前都用黑胡椒配无花果塔,现在则改用比利时焦糖饼干香料。只要发现口味相搭的新香料,我就会积极使用。结果开业11年来,有大半的甜点都慢慢改变风味了。"山岸主厨表示,他原本就是在法国做甜点起家的,在那里香料随处可得,因此运用在甜点上是自然而然的。

这次所使用的比利时焦糖饼干香料,综合了肉桂、小豆蔻、柠檬、丁香等4种香料,香气自然不在话下,还能衬托出整体滋味的深度来。"思考新的香料与材料的组合,是一件非常愉快的事。"山岸主厨说。

乔治马尔索蛋糕
PÂTISSERIE
GEORGES MARCEAU

甜点主厨　　江藤　元纪

塔的千变万化

桃子塔
✻甜面团
→P.159

红桃塔
✻甜面团
→P.163

白奶酪蛋糕
✻甜面团
→P.165

反烤苹果塔
✻千层酥皮面团
→P.175

- 覆盆子
- 香堤鲜奶油
- 卡仕达奶油馅
- 镜面果胶
- 覆盆子奶油馅
- 绿无花果
- 卡仕达香堤鲜奶油
- 卡仕达杏仁奶油馅
- 甜面团

以成熟后呈黄绿色而非常珍贵的无花果"国王"（THE KING）为主角。"国王"只在夏天出产，特色是具有清爽的甘甜且无怪味。这款塔为了将"国王"的原味发挥到极致，在卡仕达奶油酱中混入鲜奶油，让口感更轻盈，还能提升无花果淡淡的香味，与覆盆子奶油馅的酸味相融合。"国王"为日本佐贺县唐津产。

塔皮

为了表现出更为酥松的口感，用萨布蕾手法来制作甜面团。将塔皮与塔模紧密贴合，挤上卡仕达杏仁奶油馅，然后烘烤。

模具尺寸：直径6.5cm、高1.5cm

将夏季无花果"国王"的
清爽甘甜与黄绿色彩发挥出来

无花果塔

440日元（约人民币25元）（含税）
供应期间 7月中旬起2周左右

材料与做法

无花果塔

甜面团

◆直径6.5cm、高1.5cm的塔圈 约20个份

低筋面粉（昭和产业"C blanc"）	400g
糖粉	137g
杏仁粉	48g
无盐黄油（日本四叶乳业）	240g
全蛋	80g
盐	4g

1. 将低筋面粉、糖粉、杏仁粉过筛混合好。
2. 将黄油切成小丁状，在常温下放软，放至比发蜡硬一点的状态。
3. 用搅拌机将 **1** 的粉类和 **2** 的黄油搅拌至不结粒的状态（呈细沙状）。
4. 将盐放入蛋中，拌匀后放入 **3** 中，用搅拌机搅拌至看不见粉状。
5. 将 **4** 倒入方形平底盘中，用保鲜膜密封，放入冰箱冷藏1~2小时。

卡仕达杏仁奶油馅

◆约40个份

无盐黄油	200g
糖粉	180g
全蛋	140g
卡仕达奶油馅（参照右栏）	140g
黑莱姆酒（MYERS`SRUM）	25g
杏仁粉	200g
低筋面粉（日本昭和产业"C blanc"）	70g

1. 黄油恢复常温后用搅拌机充分搅散，再将糖粉放入搅拌。
2. 一边搅拌 **1**，一边将打散的蛋分3或4次放入。
3. 蛋混合好后，将觉散的卡仕达奶油馅放入，再次拌匀。
4. 将莱姆酒放入搅拌。
5. 将过筛后的杏仁粉和低筋面粉放入拌匀，再放入冰箱冷藏1~2小时，使之充分融合。

卡仕达奶油馅

◆备用量

牛奶	1000mL
香草豆荚	1/2根
细砂糖	200g
蛋黄	200g
低筋面粉	40g
玉米粉	40g
无盐黄油	50g

1. 从香草豆荚中刮出香草豆，连同豆荚一起放入牛奶中煮沸，使香草的香气释放出来。
2. 蛋黄中放入细砂糖、过筛好的低筋面粉与玉米粉，用打蛋器搅拌至看不见粉状后，将 **1** 放入拌匀。用滤网滤进锅中，煮至中心冒泡的程度。
3. 将黄油放入使之融化，再倒入方形平底盘中放凉。

覆盆子奶油馅

◆约70个份

A	覆盆子果泥	200g
	细砂糖	50g
	蛋黄	60g
	全蛋	75g
	柠檬汁	22g
吉利丁片		2g
无盐黄油		75g

1. 将A放入锅中，用中火加热至84~86℃（中心冒出气泡的程度）。
2. 将用冰水泡软的吉利丁放入，使之融化后过滤，放在冰水中冰镇至常温。
3. 将恢复常温的黄油放入 **2** 中，用手持电动搅拌棒搅拌至滑顺状态。
4. 将 **3** 倒入直径3cm、高2cm的半球形模具的烤盘中，放入冰箱冷冻使之凝固。

卡仕达香堤鲜奶油

◆4个份

卡仕达奶油馅	100g
35%鲜奶油（八分发泡）	30g

1. 用刮刀将搅散的卡仕达奶油馅与八分发泡的鲜奶油搅拌均匀。

铺塔皮与烘焙

1. 撒上手粉（高筋面粉／分量外），将甜面团用擀面棍擀成3mm的厚度，然后用直径10cm的模具切割塔皮。用叉子在塔皮上均匀地戳洞，再铺进直径6.5cm、高1.5cm的塔圈中。
2. 用9号圆形挤花嘴将卡仕达杏仁奶油馅挤进塔皮，约挤至一半的高度，然后放入上下火皆为160℃的烤箱中约烤30分钟。烤好后脱模，放在网架上散热。

组合与完成

◆1个份

绿无花果（国王）	1个
镜面果胶	适量
香堤鲜奶油（加糖7%）	适量
覆盆子	1个
百里香	适量

1. 将卡仕达香堤鲜奶油挤入放凉的塔皮中，约挤至3cm高度，将覆盆子奶油馅平面朝下地放上去，再挤上少量的卡仕达奶油馅。
2. 将去皮后的无花果纵切成8等份，放在 **1** 上面，将奶油馅围起来，表面涂上镜面果胶。
3. 用星形挤花嘴挤上少量的香堤鲜奶油，放上覆盆子和百里香，覆盆子的上面挤上镜面果胶。

PÂTISSERIE GEORGES MARCEAU
乔治马尔索蛋糕

用覆盆子的酸
让塔的滋味如波浪般起伏

"PÂTISSERIE GEORGES MARCEAU"是以"将九州的美食推广至全日本"为概念发展出来的日本福冈赤坂"GEORGES MARCEAU"的姊妹店。该集团积极采购日本九州生产者的食材,将它们介绍给顾客,进而推广至日本各地。

而这家店也是秉持同样精神,以法式甜点为基础,使用金桔、凸顶柑、李子、葡萄等九州产的时令水果做成甜点,让大家品尝到它们的美味。江藤元纪主厨表示,店里的塔多半是以能够使用大量水果,并充分发挥其美味为前提设计出来的。

这里介绍的"无花果塔"也是遵循这个宗旨,以日本佐贺县唐津市的生产者富田先生所种植的黄绿色无花果"国王"为主角。一般的无花果会在初秋上市,但"国王"的产期是在夏天。"一般的无花果甜味浓郁,相较之下,'国王'的特色是甜味较清爽,而且没有怪味,接受度高。"江藤主厨说。

在设计以水果为主的派塔时,要把握住的原则就是将水果的原味发挥至极致。

这款"无花果塔"就是充分发挥"国王"原味中清爽的甘甜与美丽的黄绿色,因此直接使用新鲜的水果。制作甜点时,有时会依水果的种类加工成蜜饯,或者用香草增添香气、用蜂蜜提升甜度。

"我去看了栽培的情况,也问过农园里的人,就慢慢知道该怎么运用它了。"江藤主厨表示,亲自到农场去考察这点很重要,在现场会受到很多启发。

无花果本身虽有甜味,但非常淡而纤细,很容易被盖掉,因此选择与无花果极对味的覆盆子做成奶油馅,而且不使用乳制品,将覆盆子浓郁的口感与鲜明的酸味发挥出来,让整个塔的味道富有层次感。

卡仕达香堤鲜奶油的作用是调和无花果与覆盆子的味道。在卡仕达奶油馅中放入30%的打发鲜奶油,做出松软的轻盈感。

用萨布蕾手法
提升面团的酥松感

为了无花果和覆盆子这个组合,特意选择了甜面团。很多水果塔都是采用甜面团,但如果水果本身的甜度太强,就会使用脆皮面团。

这个甜面团的特色在于,采用将粉类和黄油混合的这种萨布蕾手法,做出来的口感会比一般的甜面团更有酥松感。为提高效率,使用搅拌机搅拌,但搅拌过度会导致口感偏硬,因此只要搅拌至黄油不结粒的状态即可。

江藤主厨也很在意塔皮的底部是否做出美丽的边角,不论哪一面都要仔细铺出均匀的厚度。

"没有塔皮就做不出塔这个甜点了,我以前经常从主厨那里听说铺塔皮这个工作的重要性。正因为这个动作很简单,所以仔细做就能做出美味来。我觉得甜点师傅的每一天都是深具魅力的。"江藤主厨很有心得地说。

蛋奶酱使用的是卡仕达杏仁奶油馅。江藤主厨觉得只用杏仁奶油馅会有点干,所以加入了卡仕达奶油馅,让整体更滑顺。制作时需注意不要拌入过多空气,才不会变得轻飘飘。

以前的配方中,卡仕达奶油馅的用量是目前的1.5倍。卡仕达奶油馅较多时,口感会更浓郁且湿润,但江藤主厨想做出轻盈感而改成目前的配方,符合当地人的口味,"轻得让人想再吃一个"是江藤主厨制作甜点的重点。

大地甜品
PATISSERIE a terre

店东兼主厨　　新井 和硕

- 八角
- 干柳橙片
- 可可粉、香料粉
- 香草豆荚
- 红茶巧克力奶油馅
- 无花果蜜饯
- 黑醋栗
- 杏仁奶油馅
- 甜面团

以红酒和香料煮成的无花果为主角。而与这个包含了八角、肉桂、柳橙芳香的香料无花果蜜饯搭配的，是用红茶来增添香气的巧克力奶油馅。塔皮则是口感酥松而有嚼劲的甜面团。此外，杏仁奶油馅和黑醋栗一起烘烤，芳馥中隐藏着黑醋栗的酸甜，别有滋味。

塔的千变万化

谈话塔
＊千层酥皮面团
→P.174

苹果法式薄片塔
＊千层酥皮面团
→P.174

反烤苹果塔
＊千层酥皮面团
→P.175

塔皮

全部采用法国生产的面粉来制作有嚼劲的甜面团，因此塔皮的存在感绝不亚于香料气味强且非常有个性的馅料。塔皮里放入杏仁奶油馅和黑醋栗后烘烤。

模具尺寸：直径6.5cm、高1.5cm

诉诸视觉与嗅觉的香料无花果塔

红酒无花果塔

480日元（约人民币28元）（不含税）
供应期间 10月~3月

材料与做法

红酒无花果塔

甜面团

◆直径6.5cm、高1.5cm的塔圈 10个份

发酵黄油	100g
糖粉	80g
全蛋	54g
中筋面粉（日本制粉"Merveille"）	200g
杏仁粉（西班牙产MARCONA种）	60g

1. 黄油呈发蜡状后，将糖粉放入搅拌，再将全蛋分3次左右放入，同时用电动搅拌器搅拌。
2. 将中筋面粉、杏仁粉放入搅拌，将面团整理成形后，放入冰箱冷藏1晚。

杏仁奶油馅

◆10个份

发酵黄油	56g
糖粉	56g
全蛋	34g
蛋黄	10g
杏仁粉（西班牙产MARCONA种）	56g
中筋面粉（日本制粉"Merveille"）	6g

1. 黄油呈发蜡状后，将糖粉放入，用电动搅拌器搅拌，但不要打至发泡，再将全蛋、蛋黄分次放入。
2. 将杏仁粉、中筋面粉放入搅拌，移至容器中，放入冰箱至少冷藏1天。

无花果蜜饯

◆10个份

红酒	250g
细砂糖	50g
柳橙果皮	1/2个份
八角	1个
肉桂枝	1/2根
香草豆荚	1/2根
无花果干（西班牙产"Pajarero"种）	150g

1. 将无花果干以外的材料放入锅中，煮沸。
2. 沸腾后熄火，将无花果干放入，加盖腌渍1天。

红茶巧克力奶油馅

◆10个份

水	25g
红茶	3g
35%鲜奶油	145g
60%巧克力（CHOCOVIC公司"Kendarit"）	50g

1. 将分量中的水煮沸，将红茶茶叶放入，然后放入50g鲜奶油，煮至沸腾前熄火，将红茶香味释放出来。
2. 将巧克力放入钢盆中使之融化，再将1用滤网滤进去，同时搅拌至完全乳化。
3. 将剩余的95g鲜奶油放入，轻轻搅拌，用保鲜膜密封，静置1晚。
4. 使用前用搅拌机打发至尖角挺立的状态。

铺塔皮与烘焙

◆1个份

整颗黑醋栗	5或6粒

1. 将甜面团用压面机压成2mm的厚度，再用直径9cm的模具切割塔皮。
2. 将1铺在直径6.5cm、高1.5cm的塔模中，然后挤进20g的杏仁奶油馅，再填入整颗黑醋栗，不要戳洞。
3. 烤盘上铺一张有气孔的烤盘布，将2放上去，用180℃的对流烤箱烤成褐色，放凉至常温状态。

组合与完成

◆1个份

镜面果胶	适量
可可粉	适量
香料粉	适量
干柳橙片	1片
八角	1个
香草豆荚	1根

1. 挤一点红茶巧克力奶油馅放在烤好的甜面团中央，将每个无花果蜜饯切成4等份，放5片上去，排在奶油馅的四周，并涂抹上镜面果胶。
2. 将剩余的红茶巧克力奶油馅用10号挤花嘴挤在上面，再轻轻撒上可可粉和香料粉，最后放上干柳橙片、八角和香草。

大地甜品
PATISSERIE a terre

**严选西班牙产的
无花果当主角**

　　新井和硕主厨特别喜欢法式甜点，"塔的材料很简单，能够衬托出材料的风味，我尤其喜欢"。他最擅长的类型就是水果与塔皮一起烘烤的派塔。平时热衷寻找材料，这款"红酒无花果塔"就是遇上了珍贵的无花果后研发出来的产品。"这个无花果是西班牙产的'Pajarero'品种，比一般的无花果干稍小一点，皮很薄，可以连皮一起吃，软软的好吃极了，所以我用它来当塔的主角。"

　　将无花果与柳橙皮、八角、肉桂、香草一起用红酒煮成蜜饯，香料的味道突出，个性十足。

　　塔皮采用甜面团。新井主厨会依不同的面团使用不同的面粉，这次的甜面团是选择带有浓浓小麦香的法国产纯小麦制成的"Merveille"面粉，配上风味与香气皆属世界顶级的西班牙产"MARCONA"种的杏仁粉。黄油用的是制造方法与欧洲黄油相同的前发酵型黄油，也就是在尚未变成黄油之前的鲜奶油阶段，添加乳酸菌使之长时间发酵，因而酸味温和、风味丰富。不仅材料严选，烘焙上也下了一番功夫，使用网状的烤盘布让烘烤时多余的油脂滴落，烤出无与伦比的酥松感。

　　杏仁奶油馅也是使用前述的面粉与杏仁粉制作而成。为避免烘烤后凹凸不平，混合材料时要轻轻搅拌，不打至发泡。倒入塔皮后放上5或6颗黑醋栗。"重点在于不要放太多，只在咬到黑醋栗时才吃得到酸味，这样的比例刚刚好。"

　　装饰在最上面的馅料以增添风味为前提，例如常用来添加无花果香气的黑醋栗、香草、柳橙，都能刺激视觉与味觉。

**用心布局香气与风味，
令人回味无穷**

　　新井主厨认为："如果吃下去的味道一眼看到时就能猜出来，就不好玩了。"他在无花果蜜饯中添加香料，便是为了制造惊喜。"红酒渍无花果是基本的，但我想再做出一些变化，于是加了香料。八角香气独特，常用在法式的烘焙甜点上。我还选了柳橙、肉桂、香草，因为它们和我用于奶油馅中的巧克力极对味。"

　　此外，这款塔最大的特色便是充满了红茶香气的巧克力奶油馅。"带香料风味的无花果如果太突出，就会有点难以下咽，所以我想加点爽口的滋味进去，就在巧克力奶油馅中用伯爵红茶来增加香气。"伯爵红茶是用香柠檬来增添香气的，而这里所使用的无花果，也是用与香柠檬同属柑橘系的柳橙来提香，因此非常搭配。

　　材料的个性越强烈，整体的平衡就越重要。这款塔是以无花果为主角，再选择与之相搭的香料、奶油馅和塔皮。之所以选择巧克力奶油馅，是因为它比一般的奶油馅更紧实，与塔皮的整体感更搭。一般的塔都在追求口感，但这款塔追求的是香气的层次感与独特性——品尝前芬芳扑鼻，品尝时香气流动在鼻腔，品尝后口中余韵萦绕，一切都在主厨的掌控之中。

　　"我想背叛品尝者的期待，不过，是好的背叛。我并不想使用特殊的技法，也不想重叠几层彩色的塔皮和馅料，制造出华丽的视觉效果，我想做的塔是做法普通，外观朴素，但吃一口就让人惊喜连连。"

第二甜品
Tous Les Deux

店东兼甜点主厨　筒井 智也

塔的千变万化

蜂蜜柠檬塔
＊甜面团
→P.158

尤利安（Julian）
＊甜面团
→P.159

秋之太阳
＊甜面团
→P.164

太阳
＊甜面团
→P.165

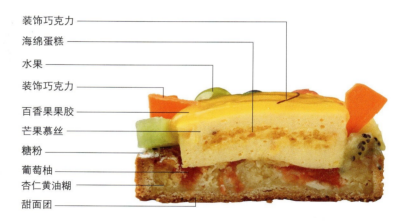

装饰巧克力
海绵蛋糕
水果
装饰巧克力
百香果果胶
芒果慕丝
糖粉
葡萄柚
杏仁黄油糊
甜面团

塔皮采用甜面团，杏仁黄油糊则是使用自家研磨新鲜杏仁而成的杏仁粉。塔皮中放入葡萄柚一起烘烤，香气更怡人。塔皮上放了芒果与百香果做成的慕丝，用镜面果胶与水果来增添水润感。慕丝里的海绵蛋糕吸饱了果汁，咬下去会渗出糖浆而乐趣倍增，整体造型如太阳般热情洋溢。

塔皮
为与慕丝搭配，在甜面团中加入杏仁粉，制造出柔软的口感。要诀在于迅速铺好塔皮，并在烘烤前冷冻。

模具尺寸：直径9cm、高1.5cm

经过细致布局,
设计出如南法太阳般的派塔

柑橘太阳

490日元(约人民币28元)(不含税)
供应期间 夏季~秋季

材料与做法

柑橘太阳

甜面团

◆直径9cm、高1.5cm的空心模 约480个份

| 发酵黄油（明治乳业）　　2000g |
| 糖粉　　　　　　　　　　　1205g |
| 蛋黄　　　　　　　　　　　　8个 |
| 全蛋　　　　　　　　　　　　8个 |
| 杏仁粉　　　　　　　　　　901g |
| 盐　　　　　　　　　　　　　16g |
| 低筋面粉（日本小田象制粉"Particule"）　　　　3000g |

1. 将呈发蜡状的黄油和糖粉一起放入搅拌机中用低速搅拌，再依序放入蛋、杏仁粉、盐和低筋面粉搅拌，用保鲜膜密封后放入冰箱冷藏1天。

杏仁黄油糊

◆40个份

| 新鲜杏仁果　　　　　　　　450g |
| 发酵黄油（明治乳业）　　　450g |
| 上白糖　　　　　　　　　　450g |
| 全蛋　　　　　　　　　　　450g |
| 黑莱姆酒　　　　　　　　　50mL |

1. 将50g杏仁果烘烤好，与剩余的杏仁果一起放入食物调理机中磨成1.5mm的碎粒，做成杏仁粉。
2. 黄油融化成液态黄油后，将所有材料放入，用打蛋器搅拌。

海绵蛋糕

◆60cm×40cm的烤盘 1盘份

| 全蛋（当中有800g使用"叶黄素机能蛋"）　　1250g |
| 上白糖　　　　　　　　　　625g |
| 蜂蜜　　　　　　　　　　　37.5g |
| 发酵黄油（明治乳业）　　112.5g |
| 低筋面粉（日本小田象制粉"Particule"）　　　　　625g |

1. 将蛋和上白糖打发至泛白，将蜂蜜、黄油放入，用打蛋器搅拌，再将低筋面粉放入搅拌。

2. 将1倒入烤盘中，用180℃的烤箱约烤60分钟。
3. 切成1cm的厚度，用直径5cm的空心模切割出塔皮。

芒果慕丝

◆直径6cm、高1.5cm的空心模 80个份

| 蛋黄　　　　　　　　　　　　8个 |
| 上白糖　　　　　　　　　　　40g |
| 百香果泥　　　　　　　　　240g |
| 芒果泥　　　　　　　　　　304g |
| 吉利丁片　　　　　　　　　　24g |
| 意式蛋白霜 |
| ┌ 水　　　　　　　　　　　　50g |
| │ 细砂糖　　　　　　　　　162g |
| └ 蛋白　　　　　　　　　　108g |
| 40%鲜奶油（明治乳业）　　600g |
| 100%柳橙汁　　　　　　　　适量 |

1. 将蛋黄和上白糖打发至泛白。
2. 将两种果泥放入锅中煮沸，再将1放入搅拌，倒回锅中加热至80℃，熄火。将泡软的吉利丁放入，使之融化。
3. 水和细砂糖用小火煮至110℃，做成糖浆。蛋白打至三分发泡后将糖浆放入，完全打发。
4. 将打至八分发泡的鲜奶油和2、3一起混合，然后倒入空心模中，倒至1/3满，中间放入一片海绵蛋糕，淋上柳澄汁，再倒入剩余的液体，放凉使之凝固。

铺塔皮与烘焙

◆1个份

| 葡萄柚　　　　　　　　　　2瓣 |
| 100%柳橙汁　　　　　　　　适量 |
| 100%柠檬汁　　　　　　　　适量 |

1. 将甜面团用擀面棍擀成2mm的厚度，用直径12cm的圆形模切割塔皮。在直径9cm、高1.5cm的空心模内侧薄涂一层无盐黄油（分量外），迅速铺入塔皮。用刀子切掉空心模上面多余的塔皮。

2. 用汤匙舀一匙杏仁黄油糊放入1里。将两瓣葡萄柚各分成3或4个小块后放上去，然后放入冰箱冷冻。
3. 冷冻后放入上火180℃、下火200℃的烤箱烤40分钟。将柳橙汁和柠檬汁混合后涂抹上去，放凉至常温状态。

组合与完成

◆1个份

| 糖粉　　　　　　　　　　　　适量 |
| 颗粒状巧克力（日本VALRHONA社"PERLES CRAQUANTES"）　　　　　　　　　　1或2粒 |
| 装饰巧克力（板状）　　　　适量 |
| 装饰巧克力（极细状）　　　适量 |
| 百里香叶　　　　　　　　　适量 |
| 水果（柳橙、葡萄柚、猕猴桃、凤梨、油桃、麝香葡萄、蓝莓）　　　　　　　　　　　　适量 |
| 百香果果胶*　　　　　　　 适量 |

＊百香果果胶
（备用量）
| 镜面果胶　　　　　　　　　600g |
| 芒果泥　　　　　　　　　　120g |
| 百香果泥　　　　　　　　　　80g |
| 果胶　　　　　　　　　　　　11g |
| 细砂糖　　　　　　　　　　　11g |

1. 将镜面果胶与两种果泥一起加热。
2. 将果胶与细砂糖预先拌匀，然后放入1中，搅拌后过滤。

1. 塔皮撒上糖粉，中间放入芒果慕丝。
2. 慕丝上面涂抹百香果镜面果胶。
3. 将柳橙和葡萄柚的1瓣分成3等份，各放1或2个，再将猕猴桃、凤梨、油桃切成1.5cm的小丁状，各放4或5个，麝香葡萄切对半，蓝莓1颗，分别装饰在慕丝的周围。
4. 放上颗粒状的巧克力、装饰巧克力和百里香叶。

第二甜品
Tous Les Deux

将在法国邂逅的
派塔改良成自家风格

筒井智也主厨在法国、比利时、卢森堡都有过修业经验，之所以对派塔特别偏爱，是因为"走到哪都是塔"，原本志在学习餐后甜点，但过程中被塔的魅力所折服。拜做过无数个塔所赐，筒井主厨对自己铺塔皮的正确性与速度深具信心，他笑着说："我不会输给任何人。"在塔皮因手温关系而软塌之前迅速铺完，并将多余的塔皮用刀切除，完全是专业级手法。

筒井主厨在法国吃到一款只将新鲜草莓和红醋栗做成的果酱放在甜面团上，没有奶油馅及其他任何馅料的塔，让他非常感动。"就像是日本老奶奶做的萩饼那样朴素，没有任何装饰，但是好吃极了，我当时就想做出这样的塔。"店内的招牌甜点"太阳"，就是从这个体验诞生出来的。

由于在日本无法取得新鲜的红醋栗而不能做到如此精简，因此筒井主厨用自己擅长的慕丝来取代，朝多重滋味的方向改进，也就是在香草慕丝上面涂鲜红的红醋栗果酱，在杏仁奶油馅中放入整颗黑醋栗去烘烤，然后在周围排满一圈草莓，组合成太阳造型。

筒井主厨已经设计出多款"太阳"的改良版，目前他最满意的就是这款"柑橘太阳"。"葡萄柚即使烘烤，香气也不会跑掉，非常棒，我认为它是烤起来最好吃的水果了。"筒井主厨说。

使用自家制作的
粗粒杏仁粉

制作派塔时，筒井主厨非常重视杏仁粉。他亲自采购新鲜的杏仁，研磨成1.5mm的粗粒状，因此制作出来的成品比一般杏仁粉做出来的更香、更有嚼劲。"法国的马卡龙之所以好吃，就是使用了粗末状的杏仁粉。日本生产的杏仁粉都很细，所以我就自己来研磨。"筒井主厨在研磨之前，会将一成多一点的杏仁先烘烤过，让香气更突出。

将发酵黄油融成液态黄油后，再与杏仁粉混合成可用汤匙舀起来的杏仁糊。将黄油融成液态后黄油不易凝结，也就不含空气，因此可均匀加热。将杏仁黄油糊倒入塔皮后先冷冻起来。因为如果在常温状态下加热，底部会膨胀，就有可能受热不均，而且有了这道先行冷冻的工序，就完全没必要戳洞了。

到这个阶段，塔皮就算直接吃也非常可口，但筒井主厨还放上了慕丝，制造出奢华的视觉效果。

慕丝中间多半会夹着海绵蛋糕。将慕丝倒至模具的1/3高，不等待凝固而直接放上海绵蛋糕，使其如漂浮状，然后淋上果汁，再倒满慕丝。在放凉凝固的过程中，慕丝会渗进海绵蛋糕里，于是吃起来就有糖浆溢出的乐趣了，这些都是筒井主厨的精心设计。为使海绵蛋糕的质地更为柔软，特别使用叶黄素机能蛋。最后涂抹镜面果胶制造光泽，并在周围摆上一圈水果。"太阳"的其他改良版也都会装饰上一圈水果。

看到筒井主厨的配方，发现组成部分之多及数字之精细令人咋舌。所有配方皆以1kg为单位，经过缜密计算和组合，吃进嘴里立即呈现出完美的整体感。

店里总是陈列着各种丰富的塔，每一个从塔皮到装饰部分都充满了甜点的乐趣，而且装饰皆美得出奇，摆在展示柜里，色彩鲜艳得赏心悦目。

忘忧洋果子店
ロトス 洋菓子店

店东兼主厨　　木村　良一

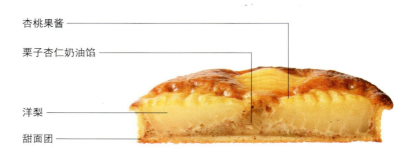

塔的千变万化

栗子塔
＊甜面团
→P.164

红醋栗塔
＊甜面团
→P.164

杏仁塔
＊甜面团
→P.167

爱之井
＊千层酥皮面团
→P.175

木村良一主厨表示，使用时令水果的塔，几乎都是直接使用新鲜水果。在同一季节、同一土地上大量采收的水果都很搭，因此秋天的招牌派塔就是"洋梨佐栗子塔"了，它是将新鲜洋梨与生栗子做成的和栗糊放入杏仁奶油馅中，再放入甜面团里，仔细烘焙出滋味温和、质地柔软的怡人好味道。

塔皮
采用口感酥脆轻盈的甜面团。黄油与烘烤后面粉的香气在口中扩散，甘甜的余韵中带着丝丝的酸味。

模具尺寸：直径14cm、高2cm

洋梨的新鲜多汁，
搭配内含栗子的杏仁奶油馅

洋梨佐栗子塔

1900日元（约人民币111元）（含税）
供应期间 9月~10月中旬

材料与做法

洋梨佐栗子塔

甜面团

◆直径14cm、高2cm的塔圈 10个份

无盐黄油（日本高梨乳业
"特选北海道黄油"）··········300g
糖粉·····························190g
香草糖···························约1g
盐·································5g
全蛋······························100g
杏仁粉····························25g
低筋面粉（日清制粉"VIOLET"）
·································500g

1. 搅拌盆中放入回软的黄油、糖粉、香草糖和盐，用低速搅拌。
2. 将打散的全蛋最少分3次放入 **1** 中搅拌。分次放入比较容易乳化，减少对面团造成的负担。
3. 将过筛混合好的杏仁粉和低筋面粉放入，拌匀。
4. 将面团整理成形，用保鲜袋包起来，放入冰箱中冷藏1晚。

栗子杏仁奶油馅

◆3个份

带内皮的生栗子···············80g
细砂糖···························105g
无盐黄油（日本高梨乳业
"特选日本北海道黄油"）······100g
低筋面粉·························10g
杏仁粉····························25g
全蛋······························100g

1. 剥掉栗子壳，留下内皮，与细砂糖一起放入食物调理机中，打成糊状。
2. 将杏仁粉和低筋面粉放入回软的黄油中搅拌。
3. 将 **1** 放入 **2** 中，再将打散的全蛋分次放入，拌匀。

铺塔皮与烘焙

◆1个份

洋梨······························1个

1. 将松弛好的甜面团用擀面棍擀成2.5mm的厚度，迅速地铺入直径14cm、高2cm的塔圈中，放入冰箱冷藏。
2. 将洋梨纵切成4等份。
3. 将杏仁奶油馅挤入塔皮中，再将洋梨片排成"十"字形放上去，用170℃的对流烤箱烤40~50分钟。

组合与完成

杏桃果酱（自家制）············适量

1. 用刷子将杏桃果酱涂抹在上面。

忘忧洋果子店
ロトス洋菓子店

利用时令水果，
展现新鲜多汁的好滋味

  2011年，在日本京都的乌丸四条和五条之间，因幡药师堂斜前方闹中取静的一隅开设了这家"ロトス洋菓子店"。小巧雅致的店里满满的烧果子，令人眼前一亮。"看到店里都是时令水果做成的塔，就很安心吧！"木村良一主厨表示，秋天店里的甜点多采用"aurora种"的洋梨。"它的果肉吃起来软软的，而且是洋梨当中香气、甜味和酸味都最强的。到了12月，就会换成'la france种'的洋梨了。"洋梨算是滋味轮廓较不鲜明的一种水果，木村主厨想使其滋味更突出，便想到用加了和栗糊的杏仁奶油馅来搭配。这里的和栗，是使用质地松软且甜度高的日本熊本产的利平栗。用带内皮的生栗子和糖粉一起做成和栗糊，而洋梨与和栗的味道都很温和，能够完美地相辅相成。

  木村主厨制作的派塔从不使用罐装水果。"我希望将时令水果自然的美味展现出来，并不想用腌渍的方式把它们的新鲜多汁给浪费了，所以会铺上一层薄薄的杏仁奶油馅来吸收果汁。"木村主厨表示，让杏仁奶油馅吸收因砂糖的渗透而释出的果汁，是直接利用水果美味的最佳方式。而且这么一来，口感酥脆的甜面团也多了一番滋味，令人百吃不厌。

  塔皮的种类会随水果风味的强弱而改变。像洋梨这种温和的水果，就使用甜面团，但为了不让味道残留在口中，会加一点点盐。而像杏桃、大黄这类酸味强烈的水果，就会搭配咸面团。

  至于防潮方面，是使用打散的全蛋来薄涂，但如果铺上了杏仁奶油馅，就不涂抹蛋液了。换句话说，只有填入水分多、呈布丁液状的蛋奶酱时，才会涂抹蛋液来补强塔皮。

  戳洞是为了让塔皮的底部透气，如果将塔圈放在有气孔的烤盘布上，就不必戳洞。但如果是千层酥皮面团、咸面团，为了避免烘烤过程中面团膨胀，就要戳洞。"每一道工序，不能一成不变地认定非做不可，应该了解它的目的，然后看自己制作的甜点必须做哪些步骤，需要的部分就做好，不需要的就不必做。"木村主厨表示，最近特别有此体会。

塔的尺寸与美味
息息相关

  "即使采用同样的材料、同样的方法，尺寸不同，味道就不一样了。"木村主厨对于烘焙型的派塔形状及高度非常有研究。"举例来说，像'洋梨佐栗子塔'这种使用新鲜水果做成的塔，做成大尺寸后再切片，塔皮和蛋奶酱才能融合得比较好。"而小糕点的形状和大小，同样会左右味道，可以通过调整烘烤面积与蛋奶酱分量的比例，呈现出理想中的口感、香气和滋味。例如杏仁塔，由于要大分量地吃到用西西里岛的杏仁果制成的奶油馅，与其做成直径7cm、高2.5cm的标准尺寸，不如做成再大一圈的半球形。"我觉得可以从味道的角度来重新思考模具的尺寸。"例如常温的烧果子栗子塔，之所以使用高4cm的模具，就是为了让加入栗子糊的杏仁奶油馅能够像被蒸熟一般。正如法国球形面包和长棍面包，即使面团相同，表面和里面的比例不同，味道就不一样了。

  对于塔的魅力，木村主厨是这样说的："我个人认为塔的深奥程度和生果子不相上下。不但模具的大小和高度很重要，要不要空烧，也就是说，放入馅的时机也会改变塔的滋味。"

分享甜品
Pâtisserie
PARTAGE

店东兼甜点主厨　斋藤　由季

塔的千变万化

红色水果塔
＊甜面团
→P.156

红色果仁塔
＊甜面团
→P.166

反烤杏桃苹果塔
＊脆皮面团
→P.171

里昂
＊脆皮面团
→P.173

洛林塔
＊脆皮面团
→P.173

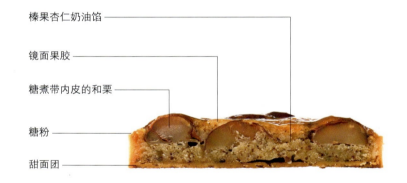

榛果杏仁奶油馅
镜面果胶
糖煮带内皮的和栗
糖粉
甜面团

秋天的代表性滋味就是坚果，而这款塔就是用榛果和栗子组成，朴素却滋味深邃。塔皮是甜面团，用分量稍多的两种面粉、杏仁粉及发酵黄油制成。塔皮里放了榛果杏仁奶油馅，而馅里加入了用食物调理机打成粗粒的榛果，因而特别浓郁。最后放上和栗后烘烤。重视乳化的制作方法，烤出酥松的爽脆口感。

塔皮

这款塔所采用的甜面团，是用法国产的面粉制成，乳化过程中不拌入空气，烤出面粉的深邃滋味与有嚼劲的口感。将榛果杏仁奶油馅倒入塔皮中，然后放上和栗烘烤而成。

模具尺寸：直径12cm、高1.5cm

让黄油与蛋充分乳化，
烤出酥松的口感

榛果栗子塔
2100日元（约人民币122元）（含税）
供应期间 9月中旬～11月

材料与做法

榛果栗子塔

甜面团

◆完成量为375g

发酵黄油（明治乳业）	90g
全蛋	24g
A 糖粉	56g
低筋面粉（日清制粉"VIOLET"）	75g
法国产面粉（Arcane"Type55"）	75g
发粉	0.75g
杏仁粉	22.4g

1. 将黄油和蛋放置室温中，使之达到26~28℃。将A过筛混合好。
2. 搅拌盆中放入黄油，再分次放入蛋，同时用电动搅拌器低速慢慢搅拌至完全乳化。
3. 把A放入，用低速搅拌至看不见粉状。
4. 用保鲜膜包住面团，放在冰箱冷藏1晚。

榛果杏仁奶油馅

◆完成量为212g

榛果	24g
A 糖粉	48g
杏仁粉	48g
脱脂牛奶	5g
发酵黄油（明治乳业）	60g
全蛋	20g
蛋黄	6g
香草糊	1g

1. 用食物调理机将榛果打成比粉状稍粗的颗粒，和A一起过筛混合。
2. 将黄油、全蛋、蛋黄放置室温下，使之达到26~28℃。
3. 搅拌盆中放入黄油和香草糊，再分3次左右放入全蛋和蛋黄，同时用电动搅拌器低速搅拌至完全乳化。
4. 将电动搅拌器调成中速，把空气搅拌进去。
5. 待4泛白后将1放入，用中速搅拌至看不见粉状。
6. 用保鲜膜密封，放在冰箱冷藏1晚。

铺塔皮与烘焙

◆备用量

糖煮带内皮的和栗	每个3粒
糖酒液	
糖浆（30°Bé）	100g
白兰地酒	100g

1. 压面机设置成2mm的厚度，将松弛好的甜面团放入压平。
2. 压好的面团与面团之间夹一张防止干燥的纸，然后盖上保鲜膜，放入冰箱冷藏1小时左右。
3. 大理石台面撒上防粘用的高筋面粉（分量外），再将2的面团放上去，用直径15cm的塔圈切割塔皮。
4. 将3放在直径12cm、高1.5cm的塔圈上，一边转动塔圈，一边将塔皮贴紧。
5. 用水果刀的刀背将塔圈上多余的塔皮割掉，然后放在铺有网状烤盘布的烤盘上。
6. 将榛果杏仁奶油馅装入已经套好11号圆形挤花嘴的挤花袋中，挤入5的中间，由中心往外呈漩涡状挤上去。
7. 将切对半的和栗分散放上去。
8. 将7放入150℃的烤箱中，烘烤20分钟后脱模，将烤盘前后对调，继续烤20分钟。
9. 混合糖酒液的材料，用刷子将糖酒液刷在烤好的8上面，每个刷5~6mL，然后放凉。

组合与完成

镜面果胶	
杏桃果酱	适量
水	适量
糖粉（装饰粉）	适量

1. 将少量的水放入杏桃果酱中，一边搅拌一边加热，做成镜面果胶。
2. 用刷子将1薄涂在放凉的塔表面，然后在边缘撒上糖粉。

分享甜品
Pâtisserie PARTAGE

混合黄油和蛋时，
先调整成易乳化的温度

"我最喜欢烘烤型的塔了。"斋藤由季主厨表示，他在法国修业期间，住宿的家庭女主人经常用庭园里收成的树木果实和水果做成派塔给他吃。这种烘烤型的派塔，就是斋藤主厨制作塔的初衷。

"虽然很朴素，但很有深度，好吃极了。我们店里也是使用时令的材料，随季节制作各种各样的塔。"斋藤主厨说。

这款"榛果栗子塔"也是当时女主人利用庭园里的榛果和栗子做成塔，斋藤主厨将它重现出来，在铺好的甜面团里倒入榛果杏仁奶油馅，上面放一些带内皮的和栗，放入烤箱烘烤。配方虽然简单，但制作上有几点要诀。

制作甜点的过程中，斋藤主厨非常重视"乳化"。许多甜点的主要原料为黄油和蛋，而斋藤主厨重视的就是这两者的相融情形，也就是"油分与液体"的融合程度，它将决定完成后的口感是入口即化还是酥脆，换句话说，这大大影响了甜点的滋味。

不论甜面团还是榛果杏仁奶油馅，都有融合黄油和蛋的这道工序。将黄油和蛋完美乳化的要诀就是，先将它们的温度调整至26~28℃，这样才能无负担地乳化至滑顺状态。

"每个季节都不太一样，基本上在制作面团的前2~3个小时，要将黄油放置室温下回软。如果没时间，也可以放入微波炉加热使之软化，但加热过度而太过软化就无法恢复原状了，因此建议放置室温下回软。"斋藤主厨提醒说。

乳化方式也会因面团种类而不同。甜面团如果拌进太多空气就会走味，所以要用低速尽快且不拌入空气地将材料搅拌至接近蛋黄酱的状态。

至于榛果杏仁奶油馅，如果结粒就不容易加热均匀，也就不容易烤熟，因此，要用低速的电动搅拌器先将黄油和蛋拌匀，确定它们完全乳化后再换成中速，将空气打进去。如果一开始就用中速搅拌，在乳化之前会拌进空气，那么就算尚未乳化也会看起来像是乳化完成了，这点要特别留意。

榛果杏仁奶油馅里含有空气，如果一做好就倒入塔皮里烘烤，奶油馅会溢出模具。先放一段时间让大的气泡消失，这时奶油馅较稳定，就不必担心溢出来了，因此要先放在冰箱冷藏1晚再使用。

烘烤，
让材料的滋味凝缩起来

将白兰地酒和糖浆以等比例混合好，待塔放入烤箱烘烤40分钟后立刻倒入塔里使其吸收，此举的目的不仅能增添香气，还能补充烘烤时流失的水分，让塔更湿润。

"烧果子就是要烘烤，让材料的滋味凝缩进去，之后再补充流失掉的水分，使其具有湿润感。"斋藤主厨解释。

为了做出甜面团的口感，必须完全乳化后再烘烤。此外，这款塔使用了两种面粉，分别是能做出酥松口感的低筋面粉，以及能做出酥脆口感的法国产面粉，因此嚼劲极佳。而榛果杏仁奶油馅中放入了磨成粗粒的榛果，形成口感上的亮点，与松软的和栗一同含进嘴里，坚果香与栗子香在口中弥漫开来，便能充分享受秋天的代表性滋味了。

小舟甜品
PATISSERIE
Un Bateau

店果兼甜点主厨　**松吉 亨**

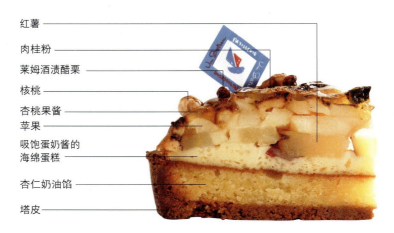

- 红薯
- 肉桂粉
- 莱姆酒渍醋栗
- 核桃
- 杏桃果酱
- 苹果
- 吸饱蛋奶酱的海绵蛋糕
- 杏仁奶油馅
- 塔皮

烤红薯和营火是这款塔所要表达的意象。在杏仁奶油馅上面放"鸣门金时"烤红薯，再放上大量切成条状的苹果，令人联想到落叶。海绵蛋糕则是吸饱蛋奶酱，宛如面包布丁一般。杏仁奶油馅中加入了酸奶油，因此不会甜腻，而是倍觉清爽的好滋味。

塔的千变万化

无花果塔
＊甜面团
→P.157

浆果起司克拉芙缇
＊甜面团
→P.167

柠檬塔
＊咸面团
→P.172

塔皮

使用充满了杏仁香气的杏仁膏做成派塔专用的面团。以衬托出苹果的柔软口感为目标，制作出爽脆的嚼劲。空烧后挤入杏仁奶油馅，再次烘焙。

模具尺寸：直径18cm、高2.5cm

三度烘焙的塔皮香气,
包住材料原有的甜与酸

苹果佐红薯塔
440日元(约人民币26元)(含税)
供应期间 全年(7月~8月除外)

材料与做法
苹果佐红薯塔

塔皮

◆备用量（直径18cm、高2.5cm的塔模1个使用150～160g）

杏仁膏	300g
无盐黄油（日本高梨乳业）	340g
人造黄油	110g
糖粉	100g
全蛋	30g
低筋面粉（日清制粉"特选VIOLET"）	600g

1. 将杏仁膏、黄油、人造黄油回软至室温状态。
2. 搅拌盆中放入杏仁膏，再放入糖粉和全蛋，用电动搅拌器搅拌。
3. 将黄油和人造黄油一点一点放入，仔细搅拌，不要使其结粒。
4. 将过筛好的低筋面粉放入，轻轻搅拌。
5. 用保鲜膜包住，放入冰箱冷藏1晚。

海绵蛋糕

◆直径18cm的海绵蛋糕模具 7个份

全蛋	1210g
细砂糖	700g
蜂蜜	66g
低筋面粉	770g
牛奶	150g
42%鲜奶油	140g

1. 钢盆中放入全蛋、细砂糖和蜂蜜，加热至人体体温的温度，用打蛋器打发至泛白、发黏的状态。
2. 将低筋面粉放入，用橡皮刮刀搅拌均匀，不要结粒，然后放入牛奶和鲜奶油，再次搅拌。
3. 在直径18cm的海绵蛋糕模具上铺纸，然后放在烤盘上，将2倒入，1个约倒入420g，放入上火175℃、下火155℃的烤箱中，约烤27分钟。

杏仁奶油馅

◆备用量（1个使用290g）

无盐黄油（雪印MEGMILK）	340g
人造黄油	110g
全蛋	375g
杏仁粉	450g
盐	5g
细砂糖	362g
酸奶油	45g

1. 将黄油和人造黄油放置室温下回软至发蜡状。
2. 依序放入全蛋、混合好的杏仁粉和盐、细砂糖、酸奶油，同时搅拌，但要注意不要打得太过发泡。
3. 放在冰箱中冷藏1晚。

蛋奶酱

◆直径18cm、厚1cm的海绵蛋糕 2个份

全蛋	126g
细砂糖	40g
42%鲜奶油	200g

1. 全蛋打散，依序将细砂糖、鲜奶油放入，过滤。

铺塔皮与烘焙

1. 工作台上撒些手粉（分量外），每个使用150～160g的面团，将面团用擀面棍擀成直径约23cm的塔皮，然后戳洞。将塔皮铺进直径18cm、高2cm的塔模中，用擀面棍擀掉多余的塔皮后放上塔石。
2. 放入上火185℃、下火165℃的烤箱中，约烤36分钟。
3. 将杏仁奶油馅挤进2中，然后放入上火185℃、下火160℃的烤箱中烤35～36分钟，取出放凉。

组合与完成

◆1个份

红薯（鸣门金时）	适量
苹果（红玉）	1.5～2个
香草糖	适量
杏桃果酱	适量
肉桂粉	适量
莱姆酒渍醋栗	适量
核桃	适量

1. 将1cm厚的海绵蛋糕切片放在塔皮上，倒入蛋奶酱使之充分渗入。
2. 将包上锡箔纸用烤箱烤好的红薯切成5mm厚的薄片，均匀地铺在1上面，再放上切成条状的苹果，淋上适量的蛋奶酱。
3. 均匀撒上香草糖，烤箱中设两层烤盘，以上火185℃、下火160℃的烤箱关上挡板约烤50分钟、打开挡板约烤15分钟。烤好后用喷火枪上烤色。
4. 稍微散热后涂上加热过的杏桃果酱。待完全冷却后撒上适量的肉桂粉，切片。
5. 用莱姆酒渍醋栗、去除涩味再烘烤过的核桃来装饰。

小舟甜品
PATISSERIE Un Bateau

选择烘烤后仍有酸味的
红玉苹果

松吉亨主厨笑着说："我的梦想是开一家派塔专卖店。"他对制作派塔倾注心力，店里经常陈列15~20种小糕点，当中有4种左右是塔。

从开业就供应至今的"苹果佐红薯塔"，也是餐后甜点的人气单品。松吉主厨经常以心血来潮的意象来制作新品，而这款塔就是以"营火"为意象。

放入嘴里咬一口，酸酸甜甜的苹果、清甜的红薯、香喷喷的塔皮，各种美味在口中散开。而连结苹果、红薯和杏仁奶油馅的海绵蛋糕，犹如布丁般柔软，将各种材料完美地结合在一起。

最后撒上的香草糖是自家制作的，是将干燥后的香草荚和细砂糖一起用搅拌机打出来，它的香气让塔的芳馥更上一层楼。

"选择苹果的品种让我伤透脑筋。"松吉主厨表示，有些品种吃起来可口，但烤后就走味了，有些品种烤出来的口感不如预期，经过不断尝试，最后选择烘烤后仍有酸味的红玉苹果。原本想全年供应这款塔，但因为找不到适合代替红玉的苹果，在红玉难以入手的盛夏期间便无法销售。

红薯则是选择"鸣门金时"这个品种。美丽的黄色、松软的口感和高甜度，非常适合制作甜点。由于客层以家庭为主，因此不太掺进莱姆酒等洋酒，最后也并未放上多余的奶油馅或糖粉，因此可以充分品尝到鸣门金时与苹果等材料本身的美味。

配合塔皮和蛋奶酱
而使用不同的黄油

对于塔，"虽然很花功夫，但它可以依材料的不同组合出各种各样的塔，所以很有趣。"松吉主厨表示，"塔最大的魅力就是，吃进嘴里后香气在齿颊间扩散开来。塔皮如果本身不好吃就没意思了，但如果太有个性，盖掉了上面馅料的滋味也不行，这点最困难了。"例如这个"苹果佐红薯塔"，由于红薯和苹果都很柔软，因此要想将塔皮做出酥脆的口感，就减少面粉的分量、增加黄油的比例。如果是"无花果塔"，由于它很纤细、口感滑顺，就要搭配入口即化、不残留于口中的甜面团。"柠檬塔"就用咸面团，因为它松脆的口感和酸酸的柠檬极对味。

除了注意材料与塔皮面团的搭配性之外，另一个需留心的重点就是黄油的使用方法，也就是要依不同目的使用不同风味的黄油。以这款塔来说，塔皮使用日本高梨乳业的黄油，杏仁奶油馅则使用雪印的黄油。"塔皮或是饼干，由于要做出香气来，就选择日本高梨乳业的黄油，它比较浓郁。相反地，杏仁奶油馅中的重点是杏仁的风味，所以就选择较清淡的雪印黄油。"

塔皮空烧后放入杏仁奶油馅再次烘烤，然后放上海绵蛋糕，倒入蛋奶酱使之渗透进去，放上苹果和红薯后再一次放入烤箱中烘烤。由于一共烘烤3次，必须留心不要烤焦。"由于放入了杏仁粉和糖粉，很容易烤出烤色，所以第3次烘烤时，就要设置二层烤盘来遮挡一些火力。"

制作面团时，要注意室温是否上升，且要仔细留意不能让面团软塌。在工作台上擀面皮时，手粉要尽量少用，否则面团会结粒，口感就不好了。

完成时涂上杏桃果酱，可以增加光润感而提升视觉效果，也能增加怡人的酸味。最后放上烤过的核桃和莱姆酒渍醋栗便大功告成。这款塔极受中年人士欢迎，是回购率极高的店内招牌派塔。

Varié

塔的千变万化

以塔的面团来分类,再以主题材料进行细分。本书中的"脆皮面团""咸面团"虽然名称不同,但可视为同类型的面团。此外,"新桥塔""谈话塔""爱之井"等为传统甜点的名称,与使用的材料无关。

甜面团

新鲜水果

Pâtisserie et les Biscuits UN GRAND PAS → P.68

时令水果塔

450日元(约人民币26元)(含税)
供应期间 全年

顾名思义,这是一款随四季更迭而满载时令水果的塔。在甜面团里挤入杏仁奶油馅后烘烤,然后挤上卡仕达奶油馅,再盛满各种各样的水果。

模具尺寸:直径7cm、高1.5cm

Pâtisserie PARTAGE → P.148

红色水果塔

480日元(约人民币28元)(含税)
供应期间 全年

使用四方形的模具,独特造型令人印象深刻。在甜面团中倒入杏仁奶油馅,再埋入黑醋栗后烘烤。涂上黑醋栗酒,再在中央挤入卡仕达奶油馅,最后装饰红色的水果。

模具尺寸:6cm×6cm、高1.5cm

Pâtisserie Shouette → P.104

水果塔

420日元(约人民币24元)(含税)
供应期间 全年

这是一款满载多彩的水果、全年供应的高人气甜点。上面的水果会随季节改变,但都会去皮、去蒂而容易入口。水果下面有两种奶油馅,一种是香堤鲜奶油和卡仕达奶油馅以1:1的比例混合而成,另一种是杏仁奶油馅。

模具尺寸:直径6.5cm、高1.5cm

pâtisserie mont plus → P.36

水果塔

1650日元(约人民币96元)(不含税)
供应期间 全年

厚度2.6mm的甜面团中挤入杏仁奶油馅后烘烤成塔皮,再放上猕猴桃、香蕉、蓝莓等7种水果。通常是做成直径12cm的餐后甜点,有时也会切片销售。

模具尺寸:直径12cm、高2cm

Maison de Petit Four → P.6

水果塔

2484日元(约人民币144元)(含税)
供应期间 全年

甜面团中填入卡仕达杏仁奶油馅后烘烤,再淋上樱桃白兰地。塔皮中放入卡仕达奶油馅,再装满丰盛的时令水果。最后放上三种颜色的装饰巧克力、金箔和细叶芹,令整体更华丽。

模具尺寸:直径12cm、高2cm

Pâtisserie L'abricotier → P.88

红色水果塔

430日元（约人民币25元）（含税）
供应期间 6月~9月

这是一款经典的水果塔，塔皮里填充了卡仕达杏仁奶油馅，塔皮中间挤进呈山形的卡仕达奶油馅，再放上5或6种时令水果。图片中的塔使用了草莓、黑莓、覆盆子、蓝莓、美国樱桃和红醋栗。

模具尺寸：6cm×6cm、高2cm

Pâtisserie SOURIRE → P.18

水果塔

460日元（约人民币27元）（含税）
供应期间 全年

这是偏爱新鲜水果的日本人所喜欢的经典水果塔。将甜面团铺进小船模具中，放入杏仁奶油馅后烘烤，然后在中间挤上卡仕达奶油馅，盛满色彩鲜艳的时令水果。

模具尺寸：直径11cm、高1.5cm

PÂTISSIER SHIMA → P.48

草莓塔

497日元（约人民币29元）（含税）
供应期间 全年

为了能充分享用日本人所偏爱的草莓，在甜面团里填充杏仁奶油馅后烘烤，再装入满满的草莓，然后涂上覆盆子果酱。正因为组合很简单，这款塔充分展现出工作的细致。

模具尺寸：直径18cm、高2cm（1/8片）

PATISSERIE FRANÇAISE Un Petit Paquet → P.32

草莓塔

420日元（约人民币24元）（不含税）
供应期间 不定期

在空烧好的甜面团中挤入含开心果的达克瓦兹蛋糕面糊后烘烤。涂上覆盆子果酱，再挤入用君度橙酒调味的慕斯琳奶油馅。放上掺了马斯卡彭奶酪的鲜奶油，并用草莓装饰。

模具尺寸：直径7cm、高1.5cm

PATISSERIE Un Bateau → P.152

无花果塔

450日元（约人民币26元）（含税）
供应期间 8月下旬~11月上旬

水果塔会随季节而更换水果，这款是秋季版。在卡仕达奶油馅上面薄涂一层柠檬奶油酱，制造味道上的亮点。最上面的蓝莓和覆盆子的酸甜，衬托出成熟无花果的甘美。

模具尺寸：直径18cm、高2.5cm（1/8片）

Pâtisserie Shouette → P.104

无花果塔

440日元（约人民币26元）（含税）
供应期间 7月~11月中旬

塔皮是基本的杏仁奶油。将香堤鲜奶油和卡仕达奶油馅以1:1比例混合成轻盈的奶油馅后，大量放入塔皮中，再贴上无花果切片。只在无花果季节才供应。

模具尺寸：直径6.5cm、高1.5cm

Pâtisserie La cuisson → P.40

无花果塔

432日元（约人民币25元）（含税）
供应期间 夏季~秋季

以涂满无花果果酱的新鲜无花果为主角。甜面团中倒入杏仁奶油馅后烘烤，再用外交布丁和无花果装饰，然后放上香堤鲜奶油，撒上肉桂粉。

模具尺寸：直径7cm、高1.7cm

Pâtisserie Française Yu Sasage → P.76

麝香晴王葡萄塔

480日元（约人民币28元）（含税）
供应期间 7月~8月

奢侈地放上可连皮吃且甜度高的麝香晴王葡萄。在甜面团里铺上一层卡仕达杏仁奶油馅后烘烤。然后挤上卡仕达奶油馅，摆上麝香晴王葡萄，周围撒上奶酥。

模具尺寸：10cm×3cm、高1.5cm

ARCACHON →P.72

蓝莓塔

450日元（约人民币26元）（不含税）
供应期间 夏季

将甜面团铺进椭圆形的塔模中，再填进卡仕达杏仁奶油馅后烘烤。大量放上当地产的新鲜蓝莓，最后用香堤鲜奶油和覆盆子、黑莓做装饰。

模具尺寸：长直径8cm、短直径5.2cm、高1.8cm

柠檬

Pâtisserie Les années folles →P.116

柠檬塔

400日元（约人民币23元）（不含税）
供应期间 夏季

甜面团酥脆，柠檬奶油馅黏稠又柔软，这款塔表现出两者的对比口感。柠檬奶油馅中除了柠檬汁之外，还加入了柠檬果酱来强调酸味、加深印象。

模具尺寸：底部直径6cm、上面直径8cm、高2cm

Pâtisserie Française Yu Sasage →P.76

柠檬塔

410日元（约人民币24元）（含税）
供应期间 7月~9月

在空烧好的甜面团中装满柠檬奶油馅，并在表面撒上糖粉，炙烤成焦糖。由于有了焦糖的香气，整体的酸味、苦味和香味十分均衡。

模具尺寸：直径7cm、高1.5cm

Pâtisserie et les Biscuits UN GRAND PAS →P.68

柠檬塔

450日元（约人民币26元）（含税）
供应期间 全年

这是一款古典又经典的塔。在空烧好的甜面团中填入柠檬奶油馅，再放上意式蛋白霜，然后上烤色。奶油馅中的柠檬酸味，与蛋白霜的甜味平衡得宜。

模具尺寸：直径7cm、高1.5cm

Pâtisserie Miraveille →P.120

柠檬塔

400日元（约人民币23元）（不含税）
供应期间 6月~9月

加入鲜奶油煮成润滑状的柠檬奶油馅，酸味十分温和。蛋白霜里面加入了干燥的迷迭香粉，用低温迅速烘烤后在底部涂上可可脂，然后放在黏稠的奶油馅上面。

模具尺寸：直径7cm、高1.7cm

Passion de Rose →P.52

柠檬塔

410日元（约人民币24元）（含税）
供应期间 全年

空烧好的甜面团中，放入自家制作的柠檬果酱、柠檬奶油馅、柠檬果胶，以及装饰用的柠檬果酱。田中主厨想做出令人难忘的甜点，果然这款塔的尺寸大得令人印象深刻。

模具尺寸：直径8.5cm、高1cm

Tous Les Deux →P.140

蜂蜜柠檬塔

460日元（约人民币27元）（不含税）
供应期间 冬季~春季

在塔皮里依序叠上巧克力杏仁海绵蛋糕、不甜的巧克力慕丝，再放上富有酸味的柠檬奶油馅和加了蜂蜜的蛋白霜。浓郁的巧克力与酸酸的柠檬，呈现出层次鲜明的好滋味。

模具尺寸：直径9cm、高1.5cm

Pâtisserie L'abricotier →P.88

席耶拉

460日元（约人民币27元）（不含税）
供应期间 6月~9月

空烧好的甜面团中放入柠檬奶油馅，上面则是酸味强烈的草莓慕丝和甜味优雅的白巧克力慕丝。慕丝中间的凹陷处放入草莓果酱，可爱度大增。

模具尺寸：直径7cm、高1.5cm

桃子

Tous Les Deux →P.140

尤利安

440日元（约人民币25元）（不含税）
供应期间 7月～9月底

在甜面团里铺上红醋栗果酱，再倒入杏仁奶油馅后烘烤。放上含有桃子果肉的慕丝，慕丝与塔皮之间夹着新鲜的桃子切片与薄薄一层草莓巧克力，不让水分渗透进去。

模具尺寸：直径7cm、高1.5cm

PÂTISSERIE GEORGES MARCEAU →P.132

桃子塔

420日元（约人民币24元）（含税）
供应期间 夏季

能够品尝到桃子甜美的果汁，深受欢迎。为成熟的桃子添加蜂蜜的香气后做成蜜饯。加入卡仕达杏仁奶油馅后烘烤而成的塔皮上，挤满轻盈的卡仕达奶油馅与覆盆子奶油馅。

模具尺寸：直径6.5cm、高1.5cm

pâtisserie accueil →P.108

杏桃塔

330日元（约人民币19元）（不含税）
供应期间 夏季～秋季

用白葡萄酒腌渍杏桃后切成大块，放在杏仁奶油馅上面，然后烘烤。这种组合简单的烘烤型派塔，每天都会供应一种，而且会随季节替换成无花果、葡萄柚等水果。

模具尺寸：直径15cm、高1.5cm（1/6片）

覆盆子

équibalance →P.128

覆盆子佐开心果塔

464日元（约人民币27元）（含税）
供应期间 6月～10月

由开心果与奶酪组合而成的蛋奶酱，清新爽口、甜味高雅，再放上含果肉而酸酸甜甜的覆盆子慕丝，一次享受多种材料的完美结合。甜面团的轻盈口感与滑顺的慕丝形成绝配。

模具尺寸：直径7cm、高1.5cm

洋梨

Pâtisserie et les Biscuits UN GRAND PAS →P.68

洋梨塔

300日元（约人民币17元）（含税）
供应期间 全年

将甜面团铺入塔模中，挤入杏仁奶油馅，放上洋梨切片蜜饯后烘烤，再涂上杏桃酱。魅力在于做法简单而能直接品尝到材料的美味。

模具尺寸：直径7cm、高1.5cm

Relation entre les gâteaux et le café →P.44

洋梨塔

420日元（约人民币24元）（不含税）
供应期间 9月～10月

色彩鲜艳大受欢迎。在甜面团里倒入开心果杏仁奶油馅，再放上糖渍洋梨和红宝石葡萄柚后烘烤。浓郁的开心果和多汁的水果超搭配。

模具尺寸：直径8cm、高1.6cm

百香果

Pâtisserie chocolaterie Chant d'Oiseau →P.80

神秘百香果

450日元（约人民币26元）（含税）
供应期间 春季～夏季

空烧后的甜面团里倒入带柠檬酸味且入口即化般柔顺的百香果奶油馅，再挤上香堤鲜奶油制造出丰盈感，最后用装饰巧克力展现华丽风采。

模具尺寸：直径8cm、高2.5cm

PÂTISSIER SHIMA →P.48

狩猎旅行

540日元（约人民币31元）（含税）
供应期间 全年

在直径6.5cm的巧克力杏仁蛋糕上涂一层榛果巧克力薄片果仁糖，并在空烧好的甜面团里挤入百香果奶油馅，然后将这个塔叠在蛋糕上。可以品尝到多种口感。

模具尺寸：直径6cm、高1.7cm

香蕉

PATISSERIE LES TEMPS PLUS →P.112

香蕉塔

1296日元（约人民币75元）（含税）
供应期间 全年

甜面团中挤入杏仁奶油馅，放上用黄砂糖嫩煎后，用甘露咖啡利口酒浇淋并点火炽烤的全熟香蕉。烘烤后淋上莱姆酒。香蕉、咖啡、莱姆酒的调和是最大亮点。

模具尺寸：直径15cm、高2cm

Pâtisserie Rechercher →P.92

椰子香蕉塔

320日元（约人民币18元）（不含税）
供应期间 全年

这是一款装满了柔滑的椰子奶油馅的派塔。嫩煎香蕉和杏桃蜜饯的甜与香，魅力无法挡。最上面的椰子丝，口感绝佳。

模具尺寸：直径12cm、高2cm（1/4片）

无花果

Pâtisserie La splendeur →P.84

百香果无花果塔

486日元（约人民币28元）（含税）
供应期间 夏季～秋季

这款主厨自创的塔，上面的馅料是将烫过去皮的无花果和百香果汁一起真空调理后做成蜜饯状。无花果里面倒入小豆蔻风味的卡仕达奶油馅，与百香果融合后的异国滋味十分迷人。

模具尺寸：直径6cm、高2cm

Passion de Rose →P.52

无花果塔

590日元（约人民币34元）（含税）
供应期间 9月

甜面团中填入卡仕达杏仁奶油馅，放上黑色无花果后烘烤。表面涂抹自家制作的柠檬果胶，再淋上香堤鲜奶油和黑色无花果果酱。

模具尺寸：直径30cm、高2cm（1/12片）

Pâtisserie Française Archaïque →P.24

无花果塔

320日元（约人民币18元）（含税）
供应期间 全年

在加了肉桂粉的肉桂甜面团中挤入杏仁奶油馅，放上自家制作的黑醋栗及无花果果酱，再次挤上杏仁奶油馅，放上半干燥的无花果后烘烤。无花果与肉桂的滋味相得益彰。

模具尺寸：直径7cm、高1.7cm

Pâtisserie Rechercher →P.92

无花果塔

400日元（约人民币23元）（不含税）
供应期间 8月～10月上旬

在掺入了黑醋栗果酱与杏仁奶油馅的蛋奶酱中，加入用樱桃白兰地和砂糖腌渍的新鲜无花果来提升香气与甜度。最上面放了丰盛的香堤鲜奶油和肉桂粉。

模具尺寸：直径18cm、高2cm（1/6片）

L'ATELIER DE MASSA →P.100

红酒无花果塔

1个980日元（约人民币57元）（含税）、
1片320日元（约人民币18元）（含税）
供应期间 6月～10月

叠上杏仁奶油馅和卡仕达奶油馅，再放上用红葡萄酒、肉桂和柳橙皮熬煮的无花果后烘烤，这样就不会耗损杏仁奶油馅和卡仕达奶油馅了。

模具尺寸：直径12cm、高2cm

杏桃

Pâtisserie chocolaterie Chant d'Oiseau →P.80

杏桃塔

420日元（约人民币24元）（含税）
供应期间 春季~夏季

厚度3mm的甜面团中放入杏仁奶油馅和杏桃（日本 La Fruitiere社）烘烤而成，属于基本款派塔。上面的水果皆采用时令水果，如李子、苹果等，如果水分较多，就会增加甜面团的厚度。

模具尺寸：直径21cm、高2.5cm

PATISSERIE LES TEMPS PLUS →P.112

杏桃塔

1296日元（约人民币75元）（含税）
供应期间 夏季

甜面团中挤入杏仁奶油馅，放上杏桃蜜饯后烘烤，然后淋上阿玛雷托酒，涂抹镜面果胶，再在周围装饰杏仁片和糖粉。会配合季节用桃子或洋梨取代杏桃。

模具尺寸：直径15cm、高2cm

黄香李

ARCACHON →P.72

黄香李塔

1个1560日元（约人民币90元）（不含税）、
1片260日元（约人民币15元）（不含税）
※一整个采预约制／供应期间 全年

甜面团中填入卡仕达杏仁奶油馅，放上黄香李（冷冻）后烘烤，涂抹镜面果胶，并在边缘撒上糖粉。制作甜面团的要诀在于充分搅拌面粉，但不能搓揉面团。

模具尺寸：直径15cm、高2cm

PÂTISSIER SHIMA →P.48

黄香李塔

497日元（约人民币29元）（含税）
供应期间 夏季~秋季上旬

黄香李是法国洛林地区特产的一种李子。这款塔是使用罐装（糖渍）的品种。在甜面团中挤入杏仁奶油馅，放上黄香李后烘烤，宛如梅子般的独特酸味十分怡人。

模具尺寸：直径18cm、高2cm (1/8片)

紫香李

PÂTISSIER SHIMA →P.48

紫香李塔

540日元（约人民币31元）（含税）
供应期间 夏季~秋季上旬

紫香李是法国极普遍的一种李子。在甜面团中挤入开心果杏仁奶油馅，放上紫香李后烘烤，深受在店家附近的大使馆和外企工作的外国人士喜爱。

模具尺寸：直径18cm、高2cm (1/8片)

葡萄柚

pâtisserie mont plus →P.36

葡萄柚塔

380日元（约人民币22元）（不含税）
供应期间 不定期

使用100%意大利西西里岛产的开心果糊做成开心果杏仁奶油馅，与葡萄柚形成绝配，令人印象深刻。搭配厚度3mm的甜面团刚刚好。

模具尺寸：直径18cm、高2cm (1/8片)

Pâtisserie et les Biscuits UN GRAND PAS →P.68

葡萄柚塔

450日元（约人民币26元）（不含税）
供应期间 夏季

甜面团中挤进卡仕达杏仁奶油馅后烘烤，放上新鲜的葡萄柚后再次烘烤，然后涂上杏桃果酱。可以品尝到红、白两种葡萄柚的酸与甜，色彩也十分美丽。

模具尺寸：直径8cm、高1.8cm

Pâtisserie L'abricotier →P.88

柑橘塔

320日元（约人民币18元）（含税）
供应期间 6月~9月

在填入杏仁奶油馅的甜面团中，放入新鲜的葡萄柚和柳橙，再用180℃的烤箱烘烤1小时左右，是主厨的创作甜点。柑橘的酸味与撒在塔表面的迷迭香香气，在入口瞬间扩散开来，吃完后齿颊留香。

模具尺寸：直径18cm、高2cm (1/8片)

巧克力

Pâtisserie Rechercher →P.92
香料巧克力塔

560日元（约人民币32元）（不含税）
供应期间 全年

富含榛果的浓厚焦糖酱，与使用日本VALRHONA公司巧克力做成的慕丝绝搭。马达加斯加产的又辣又香的黑胡椒，更加衬托出焦糖与慕丝的甘甜。

模具尺寸：直径7cm、高2cm

Pâtisserie chocolaterie Chant d'Oiseau →P.80
柳橙巧克力塔

1个2340日元（约人民币135元）（含税）、
1片390日元（约人民币23元）（含税）
供应期间 不定期

甜面团中填入巧克力杏仁奶油馅后烘烤，再让稍多的柑曼怡酒渗透进去，再次填入同样的奶油馅和新鲜柳橙后烘烤。使用哥伦比亚LUKERCACAO公司的巧克力，它的浓郁与柳橙的清爽令人回味。

模具尺寸：直径15cm、高2.5cm

pâtisserie accueil →P.108
巧克力塔

330日元（约人民币19元）（不含税）
供应期间 全年

在甜面团中揉进巧克力及磨碎的可可豆，擀成3mm的厚度后烘烤。用日本VALRHONA公司的可可成分70%的巧克力"Guanaja"，以及鲜奶油、全蛋制成的甘那许，口感十分浓郁，是一款可让人充分享用巧克力的派塔。

模具尺寸：直径15cm、高1.5cm（1/6片）

pâtisserie AKITO →P.96
巧克力佐牛奶酱塔

450日元（约人民币26元）（不含税）
供应期间 全年

在田中主厨的代表作牛奶酱中放入盐，铺在塔皮底部，再将可可成分38.8%的西班牙产牛奶巧克力"JADE"做成的奶油馅倒入。放入镜面巧克力酱和蓝莓让表情更优雅，是店内的招牌甜点之一。

模具尺寸：直径7cm、高2cm

Pâtisserie Française Archaïque →P.24
熔岩巧克力塔

320日元（约人民币18元）（含税）
供应期间 全年

在空烧好的巧克力甜面团里涂抹自家制作的覆盆子果酱，再倒入滑顺的巧克力蛋奶酱后烘烤，最后涂抹自家制作的覆盆子果胶。可以品尝到塔皮与蛋奶酱的不同口感。

模具尺寸：直径7cm、高2cm

Pâtisserie Salon de Thé Goseki →P.12
洋梨巧克力塔

490日元（约人民币28元）（含税）
供应期间 全年

这是一款由洋梨和巧克力组合而成的塔。有带苦味的甘那许、用焦糖嫩煎的洋梨，以及巧克力甜面团。甘那许是使用可可成分61%的日本VALRHONA公司的"EXTRA BITTER"。

模具尺寸：直径7cm、高2cm

Pâtisserie La splendeur →P.84
焦糖巧克力果仁糖塔

486日元（约人民币28元）（含税）
供应期间 秋季～冬季

填入甜面团中的甘那许，是使用日本VALRHONA公司的"FEVE CARAMéLIA"，再用"富兰葛利酒"来增添榛果香。上面的材料共有核桃、榛子、松子、杏仁、长山核桃等5种。

模具尺寸：直径6cm、高2cm

Pâtisserie Miraveille →P.120
厄瓜多尔

410日元（约人民币24元）（不含税）
供应期间 6月～9月

空烧好的塔皮中填入可可成分70%的巧克力蛋奶酱后烘烤。放凉后放入薄片状的牛奶巧克力，再放入椰子、百香果、芒果做成的奶油馅，营造热带气息。

模具尺寸：直径7cm、高1.7cm

樱桃

pâtisserie mont plus → P.36

蒙莫朗西樱桃

333日元（约人民币19元）（不含税）
供应期间 全年

轻飘飘的达克瓦兹蛋糕中，放入了用君度橙酒腌渍的酸樱桃、巧克力碎屑、可可糊。为了让蛋糕吸收馅料的美味，不涂抹蛋黄。

模具尺寸：直径15cm、高2cm（1/6片）

L'ATELIER DE MASSA → P.100

樱桃塔

360日元（约人民币21元）（含税）
供应期间 全年

将用糖浆腌渍的黑樱桃、酸樱桃、用樱桃白兰地腌渍的酸樱桃等3种樱桃放在杏仁奶油馅上，然后烘烤而成，组成非常简单。最后涂抹覆盆子果酱，展现丰富的酸甜滋味。

模具尺寸：直径8cm、高2cm

Pâtisserie Miraveille → P.120

开心果樱桃塔

410日元（约人民币24元）（不含税）
供应期间 6月~8月

在空烧好的塔皮底部铺上薄薄的海绵蛋糕，放上含有开心果的卡仕达杏仁奶油馅，再放上加了樱桃白兰地的糖浆腌渍而成的酸樱桃。最上面的奶酥质地酥脆，且吃完口中会有杏仁的酥松感，是香气与口感的亮点。

模具尺寸：直径20cm、高2.2cm（1/10片）

Pâtisserie La cuisson → P.40

开心果樱桃塔

432日元（约人民币25元）（含税）
供应期间 全年

浓郁的开心果与酸酸甜甜的樱桃组成最佳拍档。塔皮使用开心果杏仁奶油馅，放上开心果奶油馅和酸奶油后，用酸樱桃蜜饯做装饰。

模具尺寸：直径8cm、高1.7cm

红桃

PÂTISSERIE GEORGES MARCEAU → P.132

红桃塔

400日元（约人民币23元）（含税）
供应期间 夏季

以味道酸酸甜甜为特征的法国红桃，加上薄荷的清爽风味后做成蜜饯。在甜面团和卡仕达杏仁奶油馅中间铺上覆盆子果酱来增添酸味，衬托出红桃的甘甜。

模具尺寸：直径15cm、高2.5cm（1/6片）

Pâtisserie Miraveille → P.120

红桃塔

350日元（约人民币20元）（不含税）
供应期间 7月~9月

在甜面团里铺上杏仁奶油馅，再将用砂糖腌渍的冷冻红桃放上去，撒上覆盆子，最后涂抹熬煮过的红桃腌渍液与自家制作的杏桃果酱。吃完口中会留下红桃的芳香与覆盆子的酸味。

模具尺寸：直径20cm、高2.2cm（1/10片）

葡萄

équibalance → P.128

信州葡萄塔

1个3600日元（约人民币208元）（含税）、
1片432日元（约人民币25元）（含税）
供应期间 8月~10月

高甜度的信州葡萄与清爽的奶油奶酪蛋奶酱极对味。虽然与杏仁奶油馅一起烘烤，但葡萄出奇地鲜嫩多汁，薄薄一层的海绵蛋糕也是口感上的亮点。

模具尺寸：直径21cm、高2.5cm

栗子

栗子塔

équibalance →P.128

1个3800日元（约人民币220元）（含税）、
1片464日元（约人民币27元）（含税）
供应期间 9月~12月

和栗的魅力在于松软的口感与温和的甘甜，而这款塔大量使用和栗，富有秋天的气息。在浓郁的杏仁奶油馅中加入了栗子糊，展现高雅的甜度。奶酥的酥松口感也很怡人。

模具尺寸: 直径21cm、高2.5cm

栗子塔

ロトス洋菓子店 →P.144

680日元（约人民币39元）（含税）
供应期间 9月~12月

使用洋栗做成栗子糊，然后做成类似杏仁奶油馅的栗子奶油馅后填入塔皮里。塔皮是铺在具有深度的椭圆形塔模中，因此可吃出塔皮的酥脆感与馅料的湿润感。最后放上糖渍栗子，并淋上加了莱姆酒的镜面酱。

模具尺寸: 7cm×4cm、高4cm

栗子佐黑醋栗塔

Relation entre les gateaux et le café →P.44

500日元（约人民币29元）（不含税）
供应期间 9月~10月

浓郁的栗子风味与黑醋栗的酸甜滋味相结合。甜面团中倒入黑醋栗奶油馅，中间夹了一块面饼。上面则是滑顺的栗子巴巴露。夹在中间的牛奶巧克力，酥脆的口感令人眼前一亮。

模具尺寸: 直径8cm、高1.6cm

秋之太阳

Tous Les Deux →P.140

490日元（约人民币28元）（不含税）
供应期间 秋季~冬季

使用磨碎的杏仁制作杏仁奶油馅，与栗子混合后倒入塔皮中。放上焦糖慕丝和巧克力杏仁海绵蛋糕，淋上焦糖镜面酱，成为富有秋天气息的甜点。四周装饰小小的马卡龙和糖渍栗子。

模具尺寸: 直径9cm、高1.5cm

咖啡

咖啡塔

Relation entre les gâteaux et le café →P.44

500日元（约人民币29元）（不含税）
供应期间 全年

咖啡香气袭人的塔。甜面团里放入咖啡甘那许，中间夹入一片浸透咖啡糖浆的蛋糕，上面是咖啡香堤鲜奶油。鲜奶油的滑顺与塔皮酥松的口感形成鲜明对比。

模具尺寸: 直径8cm、高1.6cm

香豆

香豆塔

Pâtisserie Shouette →P.104

490日元（约人民币28元）（含税）
供应期间 全年

这款塔的主角是烤布蕾，是用牛奶熬煮委内瑞拉产的香豆所制成。上面覆盖焦糖巧克力慕丝。甜面团中掺入了可可粉，甘那许中则掺入了杏仁与榛果碎粒，用来提升香气。

模具尺寸: 直径6.5cm、高1.5cm

红醋栗

红醋栗塔

ロトス洋菓子店 →P.144

500日元（约人民币29元）（含税）
供应期间 6月~8月

将类似布丁的蛋奶酱和冷冻的红醋栗放入空烧好的塔皮中，再次烘烤。挤入蛋白霜，用低温稍微烤一下。蛋奶酱和蛋白霜去除了红醋栗的杂味，让整体味道变得很温和。

模具尺寸: 直径7cm、高2cm

黑醋栗

Tous Les Deux →P.140

太阳

490日元（约人民币28元）（不含税）
供应期间 冬季~春季

下半部是将整颗黑醋栗放入烘烤的杏仁奶油馅，上半部是涂抹了红醋栗果酱的香草慕丝，慕丝中间夹着海绵蛋糕。四周排满草莓，布置成太阳造型，是店内的人气甜点之一。

模具尺寸：直径9cm、高1.5cm

蛋白霜

Pâtisserie La cuisson →P.40

随心所欲塔

411日元（约人民币24元）（含税）
供应期间 初夏~秋季

随心所欲地放上猕猴桃、香蕉、洋梨等时令水果，用意式蛋白霜包裹起来，然后炽烤成焦糖。因为看不见里面的材料而让人充满期待。塔皮是将杏仁奶油馅倒入甜面团里烘烤而成。

模具尺寸：直径6.5cm、高1.1cm

奶酪

PÂTISSERIE GEORGES MARCEAU →P.132

白奶酪塔

400日元（约人民币23元）（含税）
供应期间 全年

共使用了3种不同的奶酪。做成蛋奶酱的奶酪是使用浓郁的奶油奶酪，上面有两层轻盈的慕丝，下面一层是马斯卡彭奶酪，上面一层是白奶酪和白巧克力，最后装饰上脆片。

模具尺寸：直径15cm、高2.5cm（1/6片）

patisserie AKITO →P.96

马斯卡彭奶酪塔

450日元（约人民币26元）（不含税）
供应期间 10月~冬季

在塔皮里倒入马斯卡彭奶酪馅，用高温迅速烘烤成三分熟的状态。铺上内含咖啡的牛奶酱，再放上内含马斯卡彭奶酪的香堤鲜奶油和咖啡脆片。

模具尺寸：直径7cm、高2cm

Pâtisserie La cuisson →P.40

奶酪塔

411日元（约人民币24元）（含税）
供应期间 全年

在倒入杏仁奶油馅烘烤的塔皮上，放入用奶油奶酪、酸奶、酸奶油等做成的生奶酪馅，周围再挤上香堤鲜奶油。塔皮上涂一层柠檬果酱来增添风味。

模具尺寸：直径6.5cm、高1.1cm

PATISSERIE FRANÇAISE Un Petit Paquet →P.32

生奶酪塔

360日元（约人民币21元）（不含税）
供应期间 不定期

将甜面团铺入空心模底部，然后放入奶油奶酪馅，用中温的对流烤箱蒸烤至半熟状态。使用没有怪味且质地滑顺的日本北海道产奶油奶酪，非常容易入口而深受好评。

模具尺寸：直径18cm、高2.5cm（1/8片）

pâtisserie mont plus →P.36

白奶酪塔

389日元（约人民币22元）（不含税）
供应期间 全年

使用意大利产的戈根索拉奶酪（Gorgonzola cheese）糊，因此奶酪的美味很稳定。此外，为配合口感浓郁、带点咸味的奶酪馅，特别选择厚度达3mm的甜面团。是店内的人气商品之一。

模具尺寸：直径15cm、高2cm（1/8片）

PATISSERIE LES TEMPS PLUS →P.112

白奶酪塔

1296日元（约人民币75元）（含税）
供应期间 全年

塔皮为甜面团。在没有怪味、容易入口的奶油奶酪（kiri）中，倒入加了蛋且用柠檬汁调味的蛋奶酱，然后烘烤。由于表面会浮起来又沉下去，成为外观上的特色。

模具尺寸：底部直径12.5cm、上面直径14cm、高3.5cm

水果干／坚果

Pâtisserie La splendeur →P.84

红酒水果塔

486日元（约人民币28元）（含税）
供应期间 秋季～冬季

甜面团中填入肉桂风味的卡仕达杏仁奶油馅和水果干后烘烤，浓缩的美味是这款塔的特色。水果干（无花果、李子、杏桃、柳橙、葡萄干）用红葡萄酒、砂糖、肉桂熬煮后再放入。

模具尺寸：直径6cm、高2cm

Passion de Rose →P.52

什锦果仁塔

450日元（约人民币26元）（含税）
供应期间 11月

空烧好的甜面团中填入大量坚果，咬下去就能品尝到塔皮与坚果的美味，而且嚼劲十足。核桃、榛果、杏仁果都烘烤出香味后，再烤出焦糖效果。

模具尺寸：直径6cm、高1cm

Pâtisserie Française Archaïque →P.24

什锦果仁塔

320日元（约人民币18元）（含税）
供应期间 全年

甜面团中填入整颗红醋栗和杏仁奶油馅后烘烤。将梅干、葡萄干、核桃等拌上蜂蜜、鲜奶油、少量的面粉后放在塔皮上，烤出适当的焦色。

模具尺寸：直径7cm、高2cm

PATISSERIE FRANÇAISE Un Petit Paquet →P.32

格勒诺布尔塔

400日元（约人民币23元）（含税）
供应期间 不定期

用富含黄油、甜甜咸咸的布列塔尼酥饼当塔皮，放上大量烤出香味后再焦糖化的核桃，因此嚼劲十足。最后放上酥皮纸，它的薄脆口感也很有意思。

模具尺寸：8cm×4.4cm、高1.5cm

Pâtisserie PARTAGE →P.148

红色果仁塔

1080日元（约人民币63元）（含税）
供应期间 全年

重现主厨在法国里昂街头的甜点坊邂逅到的色彩鲜艳的派塔。在杏仁糊中加入黄油做成甜面团，擀成4mm的厚度，再倒入加了红色素的红果仁蛋奶酱，然后烘烤。

模具尺寸：直径12cm、高1.5cm

吉布斯特

PATISSERIE FRANÇAISE Un Petit Paquet →P.32

吉布斯特塔

420日元（约人民币24元）（不含税）
供应期间 不定期

甜面团中填入卡仕达杏仁奶油馅，涂上大黄果酱后烘烤。将杏桃果酱埋进吉布斯特奶油馅里面，冷藏使之凝固，然后放入塔皮，再盖上蛋白霜，用喷火枪烤出烤色。

模具尺寸：6.1cm×6.1cm、高1.5cm

---

patisserie AKITO →P.96

巧克力榛果吉布斯特

480日元（约人民币28元）（不含税）
供应期间 全年

空烧至八分熟左右的塔皮里，倒入榛果的烤布蕾再次烘烤。将代表作牛奶酱加入榛果后铺进塔皮里，再放上巧克力的吉布斯特奶油馅。

模具尺寸：直径7cm、高2cm

杏仁塔

ロトス洋菓子店 →P.144

杏仁塔

420日元（约人民币24元）（含税）
供应期间 全年（盛夏除外）

使用芳香四溢的西西里岛杏仁粉做成杏仁奶油酱，是这款塔最吸引人的魅力所在。将与杏仁品种相近的杏桃半干燥品铺在塔皮里，镜面果胶则采用自家制作的杏桃果酱，滋味非常有深度。

模具尺寸：直径7cm、高2.5cm

Pâtisserie et les Biscuits UN GRAND PAS →P.68

杏仁塔

350日元（约人民币20元）（含税）
供应期间 全年

将甜面团铺进塔模，放上黑樱桃，挤上杏仁奶油馅，排上杏仁片后烘烤。涂上杏桃果酱，中央放开心果碎粒，边缘撒上糖粉。

模具尺寸：直径6cm、高2.5cm

Pâtisserie Française Archaïque →P.24

杏仁塔

320日元（约人民币18元）（含税）
供应期间 全年

甜面团中挤入杏仁奶油馅，放上黑醋栗果酱和整颗黑醋栗，再次挤入杏仁奶油馅，放上杏仁片后烘烤，表面涂上黑醋栗果胶，是一款能够充分品尝杏仁与黑醋栗的塔。

模具尺寸：直径7cm、高2cm

---

pâtisserie accueil →P.108

杏仁塔

300日元（约人民币17元）（不含税）
供应期间 全年

加了杏仁粉的甜面团中，倒入杏仁奶油馅和糖渍的酸樱桃。表面涂抹酸樱桃的糖浆，然后在半边撒上糖粉。

模具尺寸：直径5cm、高1.5cm

蜜鲁立顿塔

Maison de Petit Four →P.6

蜜鲁立顿塔

416日元（约人民币24元）（含税）
供应期间 全年

在铺进塔模的甜面团里放入酸味丰富的杏桃蜜饯，挤进马卡龙的材料之一"马卡龙蛋奶酱"后烘烤，撒上大量糖粉，是一款基本又朴素的塔。

模具尺寸：直径7cm、高2cm

Pâtisserie L'abricotier →P.88

蜜鲁立顿塔

300日元（约人民币17元）（含税）
供应期间 秋季~冬季

这是法国诺曼底地区的地方甜点，在掺了榛果粉的蛋奶酱中放入栗子和核桃后烘烤，是店内的人气商品。"蜜鲁立顿"的法语意思是"骑兵的帽子"，因此它的特色就是造型如骑兵帽般可爱。

模具尺寸：直径6.5cm、高2.3cm

克拉芙缇

Pâtisserie Les années folles →P.116

利穆赞克拉芙缇

390日元（约人民币23元）（不含税）
供应期间 7月底~9月

这是法国利穆赞地区的地方甜点之一。特色在于使用利穆赞当地的樱桃，以及蛋奶酱入口即化的滑润感。放了稍多的樱桃白兰地，风味更令人印象深刻。

模具尺寸：直径21cm、高3cm（1/10片）

PATISSERIE Un Bateau →P.152

浆果奶酪克拉芙缇

420日元（约人民币24元）（含税）
供应期间 不定期

加了奶油奶酪的蛋奶酱，口感宛如布丁般柔嫩，吃进嘴里，蛋奶酱包裹住草莓和塔皮，一次品尝到奶酪、水果和甜面团融合的好滋味。加强烤箱的上火，因此表面呈现美丽的烤色。

模具尺寸：直径18cm、高2.5cm（1/8片）

黄油饼干面团

水果干

Agréable → P.60

冬季

480日元（约人民币28元）（含税）
供应期间 10月～2月中旬

在巧克力黄油饼干面团和杏仁奶油馅构成的塔皮中，放上用伯爵糖浆腌渍的无花果、洋梨等水果干。这款塔在法国深受好评。加入覆盆子、樱桃、黑醋栗做成酸酸甜甜的果冻，则是主厨的创意。

模具尺寸：直径6.5cm、高1.5cm

柳橙

Pâtisserie Salon de Thé Goseki → P.12

柳橙塔

445日元（约人民币26元）（含税）
供应期间 全年

这款塔只填入柳橙奶油馅，非常简单。品尝到杏仁黄油饼干面团的酥脆口感后，紧接着是滑顺的柳橙奶油馅在口中扩散。表面包裹着焦糖，脆脆的口感令人眼前一亮。

模具尺寸：直径7.5cm、高1.5cm

Agréable → P.60

柳橙塔

480日元（约人民币28元）（含税）
供应期间 9月～5月上旬

将柳橙皮的碎末与柑曼怡酒以等比例混合，然后薄铺于塔底。倒入柳橙奶油馅后，将表面炙烤成焦糖来提升香气。最后放上柳橙风味的香堤鲜奶油。

模具尺寸：直径6.5cm、高1.5cm

柠檬

Pâtisserie Salon de Thé Goseki → P.12

柠檬塔

445日元（约人民币26元）（含税）
供应期间 全年

在杏仁黄油饼干面团中挤入柠檬奶油馅和意式蛋白霜后烘烤。蛋白霜的甜味中和了柠檬奶油馅的酸甜，而且塔皮酥松的口感也增添了香气。深受女性顾客喜爱。

模具尺寸：直径7.5cm、高1.5cm

蓝莓

Pâtisserie Avignon → P.124

蓝莓塔

420日元（约人民币24元）（不含税）
供应期间 夏季

加入杏仁奶油馅的塔皮中，挤入香堤鲜奶油，放上时令水果蓝莓，是一款适合夏季享用的甜点。为提升蓝莓的风味，中间暗藏了蓝莓果酱。最后放上香堤鲜奶油使其更有个性。

模具尺寸：直径6.5cm、高2cm

奶酪

Pâtisserie Avignon → P.124

白奶酪塔

1个2420日元（约人民币144元）（不含税）、
1片400日元（约人民币23元）（不含税）
供应期间 全年

这是基本款的奶酪塔，使用了法国伊思妮（Isigny）公司的"Fromage blanc"和丹麦产的奶油奶酪"BUKO"。优质奶酪的浓郁与自然的奶味，能与塔皮的滋味融为一体，美味倍增。

模具尺寸：直径15cm、高4cm

巧克力

Pâtisserie Salon de Thé Goseki →P.12

香草香蕉巧克力塔

485日元（约人民币28元）（含税）
供应期间 9月~6月（7、8月份除外）

巧克力黄油饼干面团中倒入加了巧克力碎末的杏仁奶油馅，再放上以自家制香草糖嫩煎的香蕉后烘烤。厄瓜多尔产的成熟香蕉，它那浓郁的甜味与巧克力形成绝配。

模具尺寸：直径7cm、高2cm

Pâtisserie Avignon →P.124

地中海塔

460日元（约人民币27元）（不含税）
供应期间 秋季~冬季

塔皮中填入占度亚（Gianduja）甘那许，再挤上占度亚奶油馅。甘那许里面放入柠檬果泥，底部与内部暗藏了熬煮过1小时的柳橙蜜饯，展现清爽的余味。

模具尺寸：直径6.5cm、高2cm

L'ATELIER DE MASSA →P.100

巴黎

380日元（约人民币22元）（含税）
供应期间 全年

在巧克力黄油饼干面团上涂抹橘皮果酱，放上用柑曼怡酒腌渍的巧克力片和柳橙皮，挤上达克瓦兹后烘焙。这是一款杏仁香气十足的巴黎地区甜点，主厨将当地的食谱重现。

模具尺寸：直径6cm、高1.5cm

咖啡

Agréable →P.60

摩卡塔

480日元（约人民币28元）（含税）
供应期间 全年

酥脆的塔皮中，放上大量巧克力脆片和柳橙风味的甘那许。此外，还放上带柑曼怡酒风味、口感滑顺的咖啡牛奶巧克力慕丝，可以品味各种材料的完美结合。

模具尺寸：直径6.5cm、高1.5cm

香料

Pâtisserie Rechercher →P.92

普罗旺斯

450日元（约人民币26元）（不含税）
供应期间 全年

使用香料的黄油饼干面团，与肉桂风味的杏仁奶油馅绝搭。挤上牛奶巧克力的甘那许，再放上覆盆子果酱。用红葡萄酒腌渍的杏桃和小红莓，增添了成熟风味。

模具尺寸：直径5cm、高2cm

蜜鲁立顿塔

Agréable →P.60

蜜鲁立顿塔

430日元（约人民币25元）（含税）
供应期间 9月~11月上旬

酥脆的黄油饼干面团中，放入用杏仁粉、蛋、细砂糖做成的蛋奶酱与新鲜无花果。材料都是现买现做，魅力在于滋味朴素却具有深度。

模具尺寸：直径18cm、高2cm（1/6片）

脆皮面团
咸面团

蓝莓

équibalance →P.128

蓝莓派

1个1680日元（约人民币97元）（含税）、
1片420日元（约人民币24元）（含税）
供应期间 7月～8月

使用酸味强烈、滋味浓郁的信州蓝莓"达乐"。塞满蓝莓果酱和新鲜蓝莓后烘烤，可同时享用酸甜、清爽的好滋味。

模具尺寸：直径16cm、高2cm

Chocolatier La Pierre Blanche →P.56

蓝莓塔

1个1080日元（约人民币63元）（含税）、
1片260日元（约人民币15元）（含税）
供应期间 6月～8月

法国和美国产的冷冻蓝莓，比新鲜蓝莓更适合用于塔上。将细砂糖撒满塔皮后铺进塔模里，再塞满蓝莓，用高温烘烤而成，极朴素的美味。

模具尺寸：直径16cm、高2cm

桃子

Pâtisserie Française Yu Sasage →P.76

杏桃塔

540日元（约人民币31元）（含税）
供应期间 7月～8月

将脆皮面团铺进塔模后薄涂一层覆盆子果酱，挤上卡仕达杏仁奶油馅后烘烤，再挤进卡仕达奶油馅，放上杏桃，点缀上红醋栗，最后挤上香堤鲜奶油。

模具尺寸：直径8.5cm、高1.5cm

大黄

Pâtisserie Miraveille →P.120

大黄塔

400日元（约人民币23元）（不含税）
供应期间 5月～8月

松脆的咸面团中放入加了杏仁粉与酸奶油而类似布丁的蛋奶酱，然后放入蘸裹了砂糖来增添香气的大黄，进行烘烤。最上面是掺了草莓糖浆的蛋白霜。

模具尺寸：直径7cm、高1.7cm

Chocolatier La Pierre Blanche →P.56

大黄塔

1个1300日元（约人民币75元）（含税）、
1片260日元（约人民币15元）（含税）
供应期间 6月～8月

将切细的蛋糕和大黄混合后烘烤，新鲜的大黄已经预先撒上砂糖，会因砂糖的渗透而释出水分，因此塔里会吸饱大黄的美味。这个做法是沿袭自法国名厨阿兰·夏普尔（Alain Chapel）。

模型尺寸：直径16cm、高2cm

Pâtisserie La cuisson →P.40

莓果佐大黄塔

411日元（约人民币24元）（含税）
供应期间 春季～夏季

蛋奶酱中放入味道酸甜的大黄蜜饯，倒入塔皮中，然后涂抹与大黄极对味的草莓果酱，并装饰意式蛋白霜来增加华丽感。由于要倒入蛋奶酱，因此使用比较耐湿气的脆皮面团。

模具尺寸：直径16cm、高2cm（1/6片）

patisserie AKITO →P.96

大黄佐野草莓塔

450日元（约人民币26元）（不含税）
供应期间 7月～9月底

以类似偏硬布丁的蛋奶酱和法国产的大黄果酱为基底，放上大量信州产大黄和野草莓做成的果酱，然后覆上蛋白霜。由于果酱分量较多，塔皮要选择咸面团才不会太甜。

模具尺寸：直径7cm、高2cm

苹果	杏桃

苹果

PATISSERIE LES TEMPS PLUS →P.112

苹果塔

1728日元（约人民币100元）（含税）
供应期间 全年

将口感酥脆的脆皮面团擀成3mm的厚度，挤进杏仁奶油馅，然后填满苹果蜜饯。上面排满苹果切片后烘烤，能够满足地品尝到苹果美味。

模具尺寸：直径14cm、高2cm

反烤苹果塔

ARCACHON →P.72

反烤苹果塔

480日元（约人民币28元）（不含税）
供应期间 全年

用厚度3mm的脆皮面团盛装焦糖化苹果的甜与微苦。这个面团的优点是吸收了苹果的水分后仍能保持原有的口感。用不甜的香堤鲜奶油来衬托苹果的美味。

模具尺寸：直径7cm

Agréable →P.60

反烤苹果塔

480日元（约人民币28元）（含税）
供应期间 10月～2月中旬

将红玉苹果用食物调理机打碎，再拌入焦糖、砂糖、果胶后熬煮，倒入模具后放入烤箱烘烤，这种独创手法能做出如羊羹般浓郁的滋味与口感。为了让人吃不腻，使用杏仁奶油馅，并且增加塔皮的比例。

模具尺寸：直径6cm、高5cm

Pâtisserie PARTAGE →P.148

反烤杏桃苹果塔

1800日元（约人民币104元）（含税）
供应期间 秋季

用少量的黄油和细砂糖、小豆蔻、肉豆蔻等香料烹煮杏桃，然后大量放在脆皮面团上，烘烤6小时左右。魅力在于1个塔皮约使用20个多肉的杏桃，酸甜滋味令人垂涎。

模具尺寸：直径12cm、高5cm

杏桃

Pâtisserie Avignon →P.124

杏桃塔

250日元（约人民币14元）（不含税）
供应期间 不定期

微咸的面团中填入杏仁奶油馅和滋味浓郁的法国产杏桃，一次烘烤而成。咸面团的酥脆、杏仁奶油馅的柔软，可以品尝到两种口感的对比。

模具尺寸：直径6.5cm、高2cm

樱桃

Chocolatier La Pierre Blanche →P.56

樱桃塔

1个1300日元（约人民币75元）（含税）、
1片260日元（约人民币15元）（含税）
供应期间 6月～8月

将黄油、砂糖、蛋、杏仁粉以等比例混合而成的杏仁奶油馅放入塔皮中，而且是一大早现做。不会太甜的冷冻酸樱桃，和带有肉桂风味的奶酥搭配得绝妙无比。

模具尺寸：直径16cm、高2cm

Chocolatier La Pierre Blanche →P.56

樱桃克拉芙缇

860日元（约人民币50元）（含税）
供应期间 6月～8月

将咸面团擀薄，厚度只有1mm。原本的食谱是使用牛奶和鲜奶油，这里换成更浓郁且滑顺的白奶酪，将家庭甜点克拉芙缇做出稍微洗练的滋味。

模具尺寸：直径11cm、高2cm

葡萄

Pâtisserie Française Yu Sasage → P.76

葡萄塔

1个2640日元（约人民币153元）（含税）、
1片440日元（约人民币25元）（含税）
供应期间 8月~9月

脆皮面团中挤入卡仕达杏仁奶油馅，再埋进大量的巨蜂葡萄（带皮）后烘烤。微咸且口感酥脆的塔皮、湿润的卡仕达杏仁奶油馅、水嫩多汁的巨蜂葡萄，三者完美结合。

模具尺寸：直径18cm、高2.5cm

柠檬

pâtisserie mont plus → P.36

柠檬塔

400日元（约人民币23元）（不含税）
供应期间 全年

酸爽的柠檬奶油馅。将口感比千层酥皮面团更轻松的咸面团擀成2mm的厚度，然后烤得松松脆脆、入口即溶。蛋白霜上面撒了糖粉，让表面薄而坚挺。

模具尺寸：直径7cm、高2cm

PATISSERIE Un Bateau → P.152

柠檬塔

440日元（约人民币25元）（含税）
供应期间 全年

这是柠檬派的进化版。使用大量柠檬汁做成余味清爽的柠檬慕丝，和浓郁的卡仕达奶油馅堪称绝妙组合。侧面涂满了饼干碎屑，是口感上的亮点。

模具尺寸：直径18cm、高2.5cm（1/8片）

黄香李

Chocolatier La Pierre Blanche → P.56

黄香李塔

1个1300日元（约人民币75元）（含税）、
1片260日元（约人民币15元）（含税）
供应期间 6月~8月

将咸面团擀成1.5mm的厚度，填入法国洛林地区特产金桔大小的李子"黄香李"，撒上糖粉并用高温烘烤，非常简单。温和的酸甜滋味独特，与这款塔皮搭得极妙。

模具尺寸：直径16cm、高2cm

吉布斯特

Pâtisserie SOURIRE → P.18

杏桃吉布斯特塔

480日元（约人民币28元）（含税）
供应期间 7月~8月（杏桃上市时期）

在脆皮面团的内侧底部涂上杏仁奶油馅，填入黄桃及法国产红桃后烘烤，再叠上加入桃子果泥的吉布斯特奶油馅，表面撒上糖粉后焦糖化。

模具尺寸：直径7.5cm、高2cm

蛋白霜

ARCACHON → P.72

随心所欲塔

440日元（约人民币25元）（不含税）
供应期间 全年

将脆皮面团擀成2mm的厚度，挤入卡仕达奶油馅后烘烤。放上新鲜水果，再放上覆盆子的意式蛋白霜，用喷火枪烤色，淋上镜面果胶，最后撒上粉红胡椒。

模具尺寸：直径7cm、高1.6cm

爱之井

Pâtisserie Avignon →P.124

爱之井

350日元（约人民币20元）（不含税）
供应期间 不定期

这是法国诺曼底地区的传统甜点，在派皮上放了入口即化的卡仕达奶油馅和覆盆子。将新鲜的覆盆子冷冻后再放上去，做出柔软的口感。特色在于带有覆盆子白兰地的风味。

模具尺寸：底部直径5.5cm、上面直径7.5cm、高3.5cm

奶酪

Maison de Petit Four →P.6

维奇

497日元（约人民币30元）（含税）
供应期间 全年

这个名称在法语中是母牛的意思。咸面团中填入浓郁且带有咸味的奶油奶酪，再叠上柠檬风味的白奶酪慕丝，然用香堤鲜奶油包裹住。这是日本某家报纸票选第一名的人气商品。

模具尺寸：直径7cm、高2cm

谈话塔

pâtisserie accueil →P.108

谈话塔

280日元（约人民币16元）（不含税）
供应期间 全年

配方很传统，就是咸面团与杏仁奶油馅。涂上糖衣、放上切细的咸面团后烘烤，以法式谈话塔的原味为目标。不将塔皮与塔模紧密贴合，特意做成轻飘飘状。

模具尺寸：直径5cm、高1.5cm

洛林塔

Pâtisserie PARTAGE →P.148

洛林塔

390日元（约人民币21元）（含税）
供应期间 全年

这是主厨在法国洛林地区旅行时邂逅的奶酪塔。将白奶酪做成的蛋奶酱倒入脆皮面团后烘烤。看起来很浓郁，吃起来却意外地清爽。建议冰镇后吃。

模具尺寸：直径9.5cm、高2.5cm

里昂

Pâtisserie PARTAGE →P.148

里昂

360日元（约人民币21元）（含税）
供应期间 全年

这是法国里昂地区的传统甜点。将泡芙面糊和卡仕达奶油馅混合后放在脆皮面团上面，烘烤后膨胀起来。虽然朴素，却可以品尝到塔皮的美味。建议稍微加热后享用。

模具尺寸：直径6.5cm、高3cm

法式咸派

Pâtisserie Les années folles →P.116

洛林法式咸派

350日元（约人民币20元）（不含税）
供应期间 秋季～春季

塔皮采用厚度仅有1.5mm的咸面团，除了和蛋奶酱的味道极对味之外，容易入口也是魅力所在。馅料的材料会随季节改变，图片上使用的是鸿喜菇、香菇、培根、菠菜和青葱。

模具尺寸：底部直径6cm、上面直径8cm、高2.5cm

千层酥皮面团

谈话塔

PATISSERIE a terre → P.136

谈话塔

280日元（约人民币16元）（不含税）
供应期间 全年

法国传统甜点之一。用嚼劲适当的千层酥皮面团包住香气十足的杏仁奶油馅，表面则放上酥脆的糖衣和条状的面团。一口咬下，能吃到酥脆的口感。

模具尺寸：直径6.5cm、高1.5cm

équibalance → P.128

谈话塔

345日元（约人民币20元）（含税）
供应期间 全年

这是法国的传统甜点，在千层酥皮面团上填入杏仁奶油馅，盖上盖子，上面涂抹糖衣，再用做成细带状的面团排成格子图案后烘烤。表面烤成像膨糖般脆脆的。

模具尺寸：直径8cm、高2cm

Maison de Petit Four → P.6

谈话塔

416日元（约人民币24元）（含税）
供应期间 全年

不仅是主厨的拿手甜点，也是他想极力推广出去的传统甜点之一。在千层酥皮面团中放入苹果蜜饯，再挤上杏仁奶油馅。表面涂上糖衣，上面用千层酥皮面团排成格子图案后烘烤。

模具尺寸：直径7cm、高2cm

新桥塔

Pâtisserie Rechercher → P.92

新桥塔

280日元（约人民币16元）（不含税）
供应期间 全年

酥脆的千层酥皮面团中，放入甜味优雅的肉桂风味苹果蜜饯和卡仕达奶油馅。酸酸甜甜的覆盆子和红醋栗果酱，演出绝妙的合奏。

模具尺寸：直径4.5cm、高2cm

Maison de Petit Four → P.6

新桥塔

416日元（约人民币24元）（含税）
供应期间 全年

这是一款极传统的塔。在千层酥皮面团里放入洋梨蜜饯，再挤上卡仕达奶油馅混合泡芙面糊后的馅料。将千层酥皮面团排成"十字形"后烘烤，然后间隔地用覆盆子果酱和糖粉装饰。

模具尺寸：直径7cm、高2cm

苹果

PATISSERIE a terre → P.136

苹果法式薄片塔

1200日元（约人民币69元）（不含税）
供应期间 10月～2月

在杏仁奶油馅上呈放射状排列切成薄片的苹果，并且重叠地排2或3层。切碎的黄油、细砂糖，以及撒在表面的香料糕饼粉所散发的独特香气，衬托出苹果的甘甜。

模具尺寸：直径18cm

Pâtisserie L'abricotier → P.88

妈咪塔

360日元（约人民币21元）（含税）
供应期间 不定期

用黄油和细砂糖嫩煎苹果和大黄，填入烤好的派身中，放上肉桂风味的脆片后再次烘烤。水果的强烈酸味与脆片的酥脆口感为其特色。

模具尺寸：直径7cm、高1.5cm

反烤苹果塔

L'ATELIER DE MASSA →P.100

反烤苹果塔

490日元（约人民币28元）（含税）
供应期间 10月~4月下旬

使用半个用焦糖熬煮1小时的苹果。为了与甜度浓郁的苹果取得平衡，中间夹了卡仕达奶油馅和白奶酪。苹果是采用煮后不易变形的"富士"品种。整个塔的造型就如苹果般。

模具尺寸：直径6cm、高1.5cm

PÂTISSERIE a terre →P.136

反烤苹果塔

450日元（约人民币26元）（不含税）
供应期间 10月~2月

使用即使烘烤也能品尝出苹果酸味的"红玉"，以及甜度十足的"富士"苹果。将去皮后的苹果，连同果皮和果核一起熬煮1~2小时，过程中不断将苹果释出的果汁淋在苹果上，让苹果的美味浓缩进去。

模具尺寸：直径15cm、高3cm（1/8片）

PÂTISSERIE GEORGES MARCEAU →P.132

反烤苹果塔

420日元（约人民币24元）（含税）
供应期间 12月~3月

将苹果放入锅中煮软，再放入烤箱烘烤4小时，这样不需要使用果胶，就能做出柔软却不变形的反烤苹果塔了。苹果是采用酸味适度的"富士"品种，塔皮则是嚼劲不错的千层酥皮面团。

模具尺寸：直径15cm（1/8片）

梨子

Passion de Rose →P.52

洋梨塔

500日元（约人民币29元）（含税）
供应期间 10月

将千层酥皮面团擀成1mm的厚度，填入卡仕达杏仁奶油馅，再放上洋梨蜜饯后烘烤。由于喜欢柑橘类，而且不想加入其他的味道和香气，因此使用自家制作的柠檬风味果胶。

模具尺寸：直径30cm、高2cm（1/12片）

红桃

Pâtisserie Salon de Thé Goseki →P.12

红桃塔

620日元（约人民币36元）（含税）
供应期间 7月~9月

在快速千层酥皮面团中薄铺一层内格丽达杏仁奶油馅，放上蛋糕碎屑，再放上冷冻的红桃（法国产）烘烤而成。红桃温和的芳香与微酸深具魅力。

模具尺寸：35cm×11cm、高2.3cm（1/6片）

爱之井

ロトス洋菓子店 →P.144

爱之井

520日元（约人民币30元）（含税）
供应期间 全年（盛夏除外）

三折后四折，交互进行5次，如此精心制作的塔皮，空烧后放入用焦糖嫩煎过的洋梨和卡仕达奶油馅。嫩煎时使用了利口酒，因此有微微的香气。水果有时会换成凤梨、香蕉等。

模具尺寸：直径7cm、高2.5cm

米

Pâtisserie chocolaterie Chant d'Oiseau →P.80

米布丁塔

1个2800日元（约人民币162元）（含税）、
1片350日元（约人民币20元）（含税）
供应期间 全年

比利时的传统甜点之一。用牛奶、鲜奶油等熬煮大米，放入千层酥皮面团中，再倒入混合了卡仕达奶油馅的蛋奶酱后烘烤。米是使用"越光米"，口感Q弹，与咸面团也很搭。

模具尺寸：直径15cm、高5cm

巴斯克面团

ARCACHON →P.72

樱桃巴斯克蛋糕

1个1560日元（约人民币90元）（不含税）、
1片260日元（约人民币15元）（不含税）
供应期间 全年

将放入了杏仁粉而更富风味的巴斯克面团铺得厚一些，涂上卡仕达奶油馅，再涂上黑樱桃果酱。盖上一层巴斯克面团，涂抹蛋液，描绘图案后烘烤。

模具尺寸：直径16cm、高2.3cm

Pâtisserie Les années folles →P.116

巴斯克蛋糕

420日元（约人民币24元）（不含税）
供应期间 全年

巴斯克面团是使用奶味丰富且质地浓郁的高千穗黄油。里面的卡仕达奶油馅中加了柠檬果酱来增添怡人的香气与酸味，烘烤后在表面撒上肉桂粉，制造有冲击力的滋味。

模具尺寸：底部直径6cm、上面直径8cm、高2.5cm

PATISSERIE LES TEMPS PLUS →P.112

巴斯克蛋糕

1296日元（约人民币75元）（含税）
供应期间 全年

将巴斯克面团擀得稍厚些，用圆形模割出来后每一个使用2片。将一片塔皮铺进塔模后挤入卡仕达奶油馅，再将另一片塔皮当做盖子盖上后烘烤。增加中间的奶油馅分量，烤出塔的感觉来。

模具尺寸：底部直径12cm、上面直径14cm、高3.5cm

林兹面糊

Pâtisserie Française Archaïque →P.24

林兹塔

350日元（约人民币20元）（含税）
供应期间 全年

面糊里放了磨成粉状的杏仁、榛果、肉桂、丁香等香料，质地浓郁。将香料面糊挤入塔模中，再挤入红醋栗果酱后用面糊在上面画出格子图案，烘烤即成。

模具尺寸：直径8cm、高3cm

奶酥面团

Delicius →P.64

覆盆子塔

350日元（约人民币20元）（不含税）
供应期间 2015年1月～

用自家制作的覆盆子果酱与塔皮一起烘烤。为了展现覆盆子原本的味道与多汁的口感，不切碎或磨成果泥，而是直接熬煮整颗覆盆子。味道浓郁但酸味刚刚好，余味也很顺口。

模具尺寸：7cm×25cm、高2cm（1/9片）

Delicius →P.64

温州蜜柑塔

400日元（约人民币23元）（不含税）
供应期间 全年

用温州蜜柑的皮和果实做成独家果酱，然后与塔皮一起烘烤，最后放上有梦幻品种美称的温州蜜柑的蜜饯。由于是将成熟前的果实加以特殊处理，因此呈绿色。膨松的塔皮和黏稠的果酱形成绝配。

模具尺寸：7cm×25cm、高2cm（1/9片）

Delicius →P.64

蓝莓佐苹果塔

400日元（约人民币23元）（不含税）
供应期间 秋季～冬季

将膨松、轻盈的塔皮与自家制作的蓝莓果酱一起烘烤。果酱中掺入了樱桃，以及用红葡萄酒熬煮的苹果，因此在蓝莓特有的浓浓酸甜中，还吃得到柔嫩的果粒。

模具尺寸：7cm×25cm、高2cm（1/9片）

酥皮纸

Pâtisserie Les années folles →P.116

水果塔

480日元（约人民币28元）（不含税）
供应期间 不定期

重叠了3片酥皮纸来提高防水性，再放入开心果杏仁奶油馅、覆盆子。上面是卡仕达奶油馅和时令水果。图片中使用了无花果、蓝莓、巨蜂葡萄、凤梨等8种水果。

模具尺寸：底部直径6cm、上面直径8cm、高2.5cm

各家甜点坊简介&派塔的介绍页码

哲人甜品
patisserie AKITO

柠檬莱姆塔→P.96

2014年4月开业。以法式甜点为主,全都是田中哲人主厨认为"很好吃的甜点"。主厨擅长制作果酱,因此生果子几乎都放了果酱。

地址	日本兵库县市户市中央区元町通3-17-6 白山大楼1楼
电话	078-332-3620
营业时间	10点~19点(最后点餐时间为18点30分)
公休日	周二(逢法定假日改为隔天)
网址	http://kobe-akito.com/

阿维尼翁
Pâtisserie Avignon

红桃塔→P.124

主厨最拿手的就是高级的传统法式甜点。但他也注意到要少在甜点中掺酒,制作出适合老街的蛋糕,因此客层老少皆有。

地址	日本东京都墨田区墨田3-1-19
电话	03-3612-1753
营业时间	11点~20点
公休日	周二、第三个周三
网址	http://www.g-3080.com/avignon/

小舟甜品
PATISSERIE Un Bateau

苹果佐红薯塔→P.152

店内的甜点虽然外表朴素,但个个都可窥见细致的工法与用心。小糕点经常备齐15~20种,当中派塔占5种左右,且会随季节推出不同口味的产品。

地址	日本奈良县生驹市东生驹月见町190-1
电话	0743-73-7228
营业时间	10点~20点
公休日	不定期
网址	http://www.un-bateau.com/

礼待甜品
pâtisserie accueil

危地马拉→P.108

日本大阪"中谷亭"的前副主厨川西康文于2014年6月所开的店。店内走休闲舒适的咖啡厅风格,开业不久,高雅的甜点即博得好评。

地址	日本大阪府大阪市西区北堀江1-17-18 102
电话	06-6533-2313
营业时间	10点~20点
公休日	周二
网址	无

阿卢卡伊库法式甜品
Pâtisserie Française Archaïque

果仁糖塔→P.24

以烧果子的美味与种类繁多闻名,此外,以塔皮为底座的生果子也很丰富,维也纳面包也颇受好评。至2014年10月已经开业10周年。

地址	日本埼玉县川口市户冢4-7-1
电话	048-298-6722
营业时间	周一~周六 9点30分~19点30分 周日、法定假日9点30分~19点
公休日	周四
网址	无

一角法式甜品
PATISSERIE FRANÇAISE Un Petit Paquet

香蕉椰丝塔→P.32

"一种比一种更好吃!"抱此想法的及川主厨频繁地更换产品,因此每次到店里都能有惊喜。店内附设沙龙。

地址	日本神奈川县横滨市青叶区みすずが丘(街道名称)19-1
电话	045-973-9704
营业时间	周一~周五10点~19点 (最后点餐时间为18时) 周六、周日、法定假日10点~20点 (最后点餐时间为19点)
公休日	周三
网址	http://www.un-petit-paquet.co.jp/

乐心甜品
Agréable

巧克力玛萨拉酒塔→P.60

共有18~20种小糕点。适合当礼物的烧果子,以及使用水果、蔬菜制成的果酱。附设舒适怡人的咖啡厅。

地址	日本京都府京都市中京区夷川通高仓东入天守町757 ZEST-24 1楼
电话	075-231-9005
营业时间	10点~20点
公休日	不定期
网址	无

阿尔卡雄蛋糕
ARCACHON

阿尔卡雄夫人→P.72

从使用严选食材制作的生果子,至有熟食饴料的面包,产品种类丰富。法国名店"MarQuet"的专利商品"船尾"(Dunette),全日本只有这家店取得制作授权。

地址	日本东京都练马区南大泉5-34-4
电话	03-5935-6180
营业时间	10点30分~20点
公休日	周一、不定期
网址	http://arcachon.jp/

天平蛋糕
équibalance

红酒风味的无花果塔→P.128

山岸修主厨原本是一位法式料理厨师,他将香料运用在甜点中,精心制作出许多法式甜点。可在店内用餐。

地址	日本京都府京都市左京区北白川山田町4-1
电话	075-723-4444
营业时间	10点~19点
公休日	周一
网址	http://www.equibalance.jp

大地甜品
PATISSERIE a terre

红酒无花果塔→P.136

除了传统的法式甜点外,也制作不拘风格流派、自由发想出来的个性化甜点。擅长使用香料,令人享用后齿颊留香。

地址	日本大阪府池田市上池田2-4-11
电话	072-748-1010
营业时间	10点~19点
公休日	周三
网址	http://aterre.citylife-new.com/

大步甜点
Pâtisserie et les Biscuits UN GRAND PAS

雪堤塔→P.68

2014年10月开业满1周年。丸冈主厨表示,在不久的将来,想开一家全部使用自家制作面粉并且专门制作精致小饼干的店。

地址	日本埼玉县埼玉市大宫区吉敷町4-187-1
电话	048-645-4255
营业时间	10点~20点
公休日	周一
网址	无

甜点茶坊
Pâtisserie Salon de Thé Goseki

大黄塔→P.12

2001年3月开业。老板五关主厨致力研究法式的传统甜品,店内主要提供他最偏爱的派塔,以及具有深度滋味的传统派甜点。

地址	日本东京都武藏野市御殿山1-7-6
电话	0422-71-1150
营业时间	10点~20点(最后点餐时间为18点30分)
公休日	周四
网址	http://goseki.biz

鸟之音甜品
Pâtisserie chocolaterie Chant d'Oiseau

马提尼克香草塔→P.80

2010年10月开业后便成为当地的人气商店，同时也是一家受欢迎的巧克力专卖店，种类有香豆、百香果等6种，冬天还会增加至10种左右。

地址	日本埼玉县川口市幸町1-1-26
电话	048-255-2997
营业时间	10点~20点
公休日	周二
网址	http://www.chant-doiseau.com/

美味
Delicius

苹果塔→P.64

与店名相同的奶酪蛋糕，成为该店的代名词。主厨持续寻求新的食材，并不断推出新作。2014年6月在新加坡开设新店。

地址	日本大阪府箕面市小野原西6-14-22
电话	072-729-1222
营业时间	10点~20点
公休日	周二；第一、三个周一（周二为法定假日则营业）
网址	http://www.delicius.jp/

小岛甜品
PÂTISSIER SHIMA

马达加斯加香草塔→P.48

1998年开业以来，店内经常备齐40种以上的生果子和30种以上的烧果子。两间并连的"L'ATELIER DE SHIMA"设有沙龙，也销售维也纳面包。

地址	日本东京都千代田区曲町3-12-4 曲町KY大楼 1楼
电话	03-3239-1031
营业时间	周一~周五10点~19点，周六、法定假日10点~17点
公休日	周日
网址	http://www.patissiershima.co.jp/

猫头鹰甜品
Pâtisserie Shouette

西西里→P.104

老板水田亚由美主厨曾在日本东京的"PÂTISSIER SHIMA"修业。这家店是独栋建筑，红色的屋顶非常可爱，店内摆满法式传统甜点与季节性的水果塔。

地址	日本兵库县三田市すずかけ台（街道名称）1-6-2
电话	079-564-7888
营业时间	10点~20点
公休日	周一（逢法定假日改为隔天）
网址	http://www.shouette.jp/

第二甜品
Tous Les Deux

柑橘太阳→P.140

2001年11月开业，是日本京都地区的人气甜品店。展示柜中的生果子，华丽得夺人眼目。可以在店内用餐，每月都会举办数次蛋糕吃到饱的活动。

地址	日本京都府京都市中京区三条通新町角
电话	075-254-6645
营业时间	11点~21点
公休日	周四
网址	http://www.nau-now.com/cake/touslesdeux/

米拉唯乐蛋糕
Pâtisserie Miraveille

收获→P.120

妻鹿主厨是倍受关注的年轻主厨之一。法式千层酥、泡芙塔等重新调整配方以及主厨自创的生果子，约有20种。

地址	日本兵库县宝冢市伊子志3-12-23-102
电话	0797-62-7222
营业时间	10点~19点
公休日	周三
网址	http://miraveille.com

乔治马尔索蛋糕
PÂTISSERIE GEORGES MARCEAU

无花果塔→P.132

位于日本福冈赤坂的"GEORGES MARCEAU餐厅"于2006年开业后就成为人气甜点坊了。店内有很多使用九州农民栽种的时令水果所制成的甜点。

地址	日本福冈县福冈市中央区樱坂3-81-2
电话	092-741-5233
营业时间	10点~20点
公休日	周二
网址	http://gm.9syoku.com/

分享甜品
Pâtisserie PARTAGE

榛果栗子塔→P.148

2013年3月开业，位于日本小田急线玉川学园车站附近。以法式传统甜点为主，面包类也很丰富。二楼时常开设蛋糕教室，吸引当地人前来学习。

地址	日本东京都町田市玉川学园2-18-22
电话	042-810-1111
营业时间	10点~19点
公休日	周二
网址	http://www.patisserie-partage.com

小炉面包
Maison de Petit Four

无花果塔→P.6

从烧果子到甜糕饼、维也纳面包等，产品琳琅满目。主厨也致力于传统甜点制作。烘烤型的塔、生果子型的塔等，种类繁多。

地址	日本东京都大田区仲池上2-27-17
电话	03-3755-7055
营业时间	9点30分~18点30分
公休日	周三
网址	http://www.mezoputi.com/

微笑甜点
Pâtisserie SOURIRE

油桃薄片塔→P.18

曾在日本东京银座的餐厅"L'OSIER"担任甜点主厨，冈杜主厨于2005年开设这家店。周末限定商品及夏季的冰淇淋都人气正夯。

地址	日本东京都目黑区五本木2-40-8
电话	03-3715-5470
营业时间	10点~20点
公休日	周三
网址	http://www.patisserie-sourire.com/

玫瑰之恋
Passion de Rose

栗子黑醋栗塔→P.52

田中贵士主厨在日本和法国各名店磨练技艺后于2013年4月开业。以法国各地和日本的食材为主题，每个月皆制作出不同的甜点而倍受关注。

地址	日本东京都港区白金1-14-11
电话	03-5422-7664
营业时间	10点~19点
公休日	全年无休（年终年初除外）
网址	https://www.facebook.com/.../Passion...Rose

高山甜品
pâtisserie mont plus

白巧克力佐黑醋栗塔→P.36

位于日本神户元町，制作传统再加以创新的法式甜点，小糕点、马卡龙、烧果子等，所有甜点的香气与美味皆经过缜密计算，在全国各地都有老主顾。

地址	日本兵库县神户市中央区海岸通3-1-17
电话	078-321-1048
营业时间	10点~19点
公休日	周二
网址	http://www.montplus.com

捧先生蛋糕店
Pâtisserie Française Yu Sasage

香水→P.76

遵循法式甜点基本原则，又随处可见捧主厨的匠心独具，自2013年开业以来，大受当地顾客及甜点迷的支持。

地址	日本东京都世田谷区南乌山6-28-13
电话	03-5315-9090
营业时间	10点～19点
公休日	周二、第二个周三
网址	http://ameblo.jp/patisserieyusasage2013/

白色石头
Chocolatier La Pierre Blanche

塔拉干塔→P.56

2005年开业，以主厨严谨做工完成的巧克力甜点为首，甜糕点、烧果子等应有尽有，夏季的冰甜点也很受欢迎。

地址	日本兵库县神户市中央区下山手通4-10-2
电话	078-321-0012
营业时间	周一～周六10点～19点、周日10点～18点
公休日	周二
网址	http://www.la-pierre-blanche.com/

越时甜品
PATISSERIE LES TEMPS PLUS

随心所欲塔→P.112

在海内外名店磨练过技艺的熊谷治久主厨，于2012年开设本店。从生果子到维也纳面包等各色甜点齐全，派塔的种类也很丰富。店内附设沙龙。

地址	日本千叶县流山市东初石6-185-1 エルピス（大厦名称）1楼
电话	04-7152-3450
营业时间	9点～20点
公休日	周三（逢节假日营业）
网址	无

小焙蛋糕
Pâtisserie La cuisson

马斯卡彭奶酪浓缩咖啡塔→P.40

位于周边正在开发中的日本八潮车站附近，徒步约8分钟，2011年4月开业。除了多彩多姿的烧果子与华丽的生果子之外，也致力于生产白吐司等自家制作的面包。

地址	日本埼玉县八潮市南川崎882 ライツエントヴォーネン（大厦名称）101
电话	048-948-7245
营业时间	10点～19点
公休日	周三、第三个周二（逢法定假日会变动）
网址	http://ameblo.jp/la-cuisson

香杏甜品
Pâtisserie L'abricotier

菠萝吉布斯特→P.88

2009年开业，以当地顾客为主。店名的意思为"杏木"，因此店面颜色采柳橙色，店内洋溢着温馨气氛。设有5张餐桌可供店内享用。

地址	日本东京都中野区大和町1-66-3
电话	03-5364-9675
营业时间	10点～20点
公休日	不定期
网址	无

疯狂时代
Pâtisserie Les années folles

百香果吉布斯特→P.116

"Les années folles"指的是诞生多彩文化的法国20世纪20年代的"疯狂年代"，以"复古摩登"为主题，供应传统派的甜点。

地址	日本东京都涉谷区惠比寿西1-21-3
电话	03-6455-0141
营业时间	10点～22点
公休日	不定期
网址	http://lesanneesfolles.jp/

光辉甜品
Pâtisserie La splendeur

番茄白奶酪塔→P.84

藤川主厨十分重视制作甜点的基本功，而且不断追求意外性与进步性。店内除了备有生果子15～20种、烧果子约40种之外，还有果酱约14种。

地址	日本东京都大田区南久が原（街道名称）2-1-20
电话	03-3752-5119
营业时间	10点～19点
公休日	周三
网址	http://www.cakechef.info/shop/la_splendeur/

觅之甜品
Pâtisserie Rechercher

澄黄塔→P.92

在日本大阪的"中谷亭"、东京的"Coeur en Fleur"磨练技艺的村田义武主厨，于2010年开设本店，供应众多充满创意的生果子和烧果子。

地址	日本大阪府大阪市西区南堀江4-5 B101
电话	06-6535-0870
营业时间	10点～19点
公休日	周二、第三个周一
网址	http://rechercher34.jugem.jp/

忘忧洋果子店
ロトス洋菓子店

洋梨佐栗子塔→P.144

2011年开业。提供闪电泡芙、磅蛋糕等朴素的甜点，由于滋味扎实而颇受好评。客层从特地远道而来的观光客至附近的年长者都有。

地址	日本京都府京都市下京区乌丸通松原上ル因幡堂町699 パインオークサーティーン（大厦名称）1楼
电话	075-353-2050
营业时间	11点～19点30分
公休日	周二
网址	无

真嗣蛋糕
L'ATELIER DE MASSA

Chamaeleon～变色龙～→P.100

上田主厨拥有在法国多年的修业经验。遵循法式甜点的传统制法，制作出老少咸宜的甜点。也销售维也纳面包。

地址	日本兵库县神户市东滩区冈本4-4-7
电话	078-413-5567
营业时间	10点～19点
公休日	周二、每月一次不定期休假
网址	http://latelier-massa.com/

当蛋糕遇见咖啡
Relation entre les gâteaux et le café

艾克斯克莱儿→P.44

2013年2月开业。由曾在法国修业的野木主厨所制作的甜点，搭配担任咖啡师的野木太太所冲泡的咖啡，相益得彰。可在店内用餐。

地址	日本东京都世田谷区南乌山3-2-8
电话	03-6382-9293
营业时间	10点～20点
公休日	周二
网址	http://www.relation-entre.com

熊谷裕子的甜点教室

一磅砂糖、一磅面粉、一磅鸡蛋、一磅黄油，配方简单，好做又好吃！

定价：38.00 元

法式摩卡蛋糕、玫瑰圣欧诺黑蛋糕、薇欧蕾塔蛋糕、坚果达克瓦兹……或温润高雅、或轻盈滑顺、或醇香浓郁，熊谷老师带你进入奶油糖霜的新世界！

定价：38.00 元

不再满足按部就班照着传统食谱配方制作的你，熊谷老师教你打造自己的独门配方！

定价：38.00 元

运用精挑细选的素材和现代风格的模具，通过一些专业手法就能使原本平凡的甜点升级为专业水准。跟着熊谷老师一起制作专业水准的橱窗档次甜点吧！

定价：38.00 元

马卡龙的制作秘诀全在这里，完美的配方比例，只要照着详细的步骤解说，保证让你第一次做就能烤出漂亮的马卡龙！

定价：38.00元

灵活运用水果，或为配角、或为主角，让蛋糕的外观更缤纷，口感更美味。

定价：38.00元

马卡龙、夹心巧克力、棉花糖、牛奶软/硬糖、水果糖、糖渍水果……全在这里！每一款都很漂亮，堪比高级甜品店中的贵价甜点！

定价：38.00元

"制作巧克力奶油时，不知为何，总是会变得干硬不好吃"、"明明是照着同样的方式制作，为什么会有失败的情形发生？"相信很多制作巧克力甜点的烘焙爱好者们会有此困惑。本书将为你答疑解惑，手把手教你成功制作出好吃的巧克力甜点。

定价：38.00元

 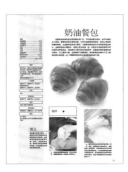 

日本人气面包师的 100 种面包坯调配制作方法，将其分为法棍面包、吐司面包、法式乡村面包等 20 种进行详细讲解。除了配方与工具，还有独门秘方和其他原料的组合方法等。另配面包坯变化图鉴，便于理解与运用。并有日本东京西点学校教师亲自教授 6 种面包坯的基本做法。还可以追寻 17 位面包师的足迹，与他们一起分享面包店与面包的动人故事。

定价：59.80 元

20 位日本人气蛋糕师口中的"我的蛋糕坯制作"的经验技巧和热门蛋糕店的 100 种蛋糕坯及花式小蛋糕。书中不仅列举了蛋糕坯的具体剖面图、食材准备、烘焙方法等实用教学方法，还贴心地将本书中蛋糕坯制作出的蛋糕、在店铺的售价、店铺历史、店铺地址等详细列出。堪称甜点师和"吃货"们的必备秘籍。

定价：59.80 元

 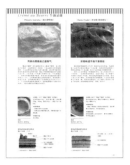 

20位日本人气甜点师制作的100多种奶油，分享了各自的调配初衷和调配心得，包含了香缇鲜奶油、卡仕达酱、奶油酱、英式蛋奶酱、杏仁奶油、甘那许、其他奶油几大类，书中还贴心地列举出使用各种奶油制作出的甜点、在店中的售价、店铺历史、店铺地址等，方便想去一饱口福的读者参考，而且列举了具体的剖面图、制作重点、保存方法等实用资料，是甜点师们必备的专业书籍。

以蔬菜为主角，制作出融入蔬菜原有滋味的美味面包，是真正的健康与美味并重、外形同内在双赢的面包。快来跟着米山雅彦老师一起制作吧，做法简单、步骤清晰、分量精准，美味妙不可挡！

日本面包大师西川功晃作品！米粉面包和传统的小麦粉面包之间究竟有着怎样的关系呢？作者沿着这条思路不断进行探索，总结在本书中。不同的米粉配比，带给你超越想象的全新口感体验！

图书在版编目（CIP）数据

TOP甜点师派&塔私藏作 / 日本旭屋出版书籍编辑部主编；林美琪译. -- 北京：光明日报出版社，2016.7
ISBN 978-7-5194-0862-6

Ⅰ. ①T… Ⅱ. ①日… ②林… Ⅲ. ①甜食－制作 Ⅳ. ①TS972.134

中国版本图书馆CIP数据核字(2016)第120812号

著作权合同登记号：图字01-2016-4033

TARTE NO GIJUTSU
© ASAHIYA SHUPPAN CO.,LTD. 2014
Originally published in Japan in 2014 by ASAHIYA SHUPPAN CO.,LTD..
Chinese translation rights arranged through DAIKOUSHA INC.,KAWAGOE.

TOP甜点师派&塔私藏作

主　　编：	[日]旭屋出版书籍编辑部	译　者：	林美琪
责任编辑：	李　娟	策　划：	多采文化
责任校对：	于晓艳	装帧设计：	水长流文化
责任印制：	曹　净		

出 版 方：光明日报出版社
地　　址：北京市东城区珠市口东大街5号，100062
电　　话：010-67022197（咨询）　　传　真：010-67078227，67078255
网　　址：http://book.gmw.cn
E - m a i l：gmcbs@gmw.cn　lijuan@gmw.cn
法律顾问：北京德恒律师事务所龚柳方律师

发 行 方：新经典发行有限公司
电　　话：010-62026811　　E-mail：duocaiwenhua2014@163.com

印　　刷：北京艺堂印刷有限公司
本书如有破损、缺页、装订错误，请与本社联系调换

开　　本：889×1194　1/16
字　　数：180千字　　　　　　　　　印　张：11.5
版　　次：2016年7月第1版　　　　　印　次：2016年7月第1次印刷
书　　号：ISBN 978-7-5194-0862-6

定　　价：88.80元

版权所有　翻印必究